熱帯林の恵み

渡辺弘之

学術選書 021

KYOTO
UNIVERSITY
PRESS

京都大学
学術出版会

まえがき

熱帯林の消失・劣化による影響、すなわち、⑴森林に蓄積されていた二酸化炭素の放出と固定量の減少による温暖化がもたらす地球環境への影響、⑵森林の持つ理水・緩衝機能の低下による洪水・渇水の発生と土壌浸食による土地（農業）生産力の低下、⑶生物種の絶滅と遺伝資源の消失、が危惧されている。

それらのことから熱帯林の伐採、木材の搬出が大きな問題になっているのだが、森林は本来、再生力をもっている。理想的には、熱帯林を維持しながら、そこから林産物の持続的な生産ができるはずなのであるが、その熱帯林をもつ開発途上国は食糧生産や換金作物生産のために、森林を農業用地へ転換している。このことは繰り返し報道され、理解も深まっているが、熱帯林からの産物は丸太、製材品、チップ、パルプ、木質パネルといった「木材林産物」と呼ばれるものばかりではない。「非木材林産物」と呼ばれる多様な産物（林産物）も得られる。合板や木質パネルと同様、これらの熱帯林の産物も私たちの生活の中、身近なところに使われているのだが、熱帯林からの非木材林産物、広く熱帯林の恵みについての知識は残念ながら足りない。

本書では熱帯林からの非木材林産物が、私たちの生活の中で、どこに、どのように使われてるのかを私の熱帯林研究の成果から紹介してみたい。たとえば、チューインガムの原料ジュルトン、チョコレートにも入っているフタバガキ科樹木の種子から抽出されるイリッペナッツ・オイル、食品を赤く着色するラックカイガラムシからのラック（シェラック）やベニノキなどだ。きっと、知らなかったことがたくさんあるはずだ。

その熱帯林の恵みは、もちろん熱帯林の近くに住んでいる人々の方がより大きく受けている。ボルネオ、スマトラ、マレー半島などには先住民（原住民）と呼ばれる人々がいる。中にはまだ定住せず、森の中を移動しながら、衣食住すべてを得ている狩猟採取民と呼ばれる人々もいる。このことはいかに多様な産物が森から得られることということを示している。それは彼らが衣食住の材料となる植物・動物を識別する知識、それがいつ、どこへ行けば得られるのか、それを利用・加工する知識、さらには採（捕）り過ぎにならないように管理する知識をもっているということだ。森からの産物をいかに利用しているか、私が驚いたそんな知識をも紹介してみたい。

私たちがそんな熱帯林の恵みを受けていると知れば、その実態をみてみたくなるだろう。タイ北部の和紙づくり、ジャワ中部の香料カユプテ・オイルの原料カユプテのプランテーション、北スマトラのシナモン（肉桂）林などは、その場所などを紹介した。ミャンマーのお化粧タナカ、インドネシアの食べものエンピン、タイの食用昆虫、広く東南アジアの市場で売られる樹木野菜などについても述べた。こんなことを知っていると、東南アジアへの旅行がもっと面白いもの、たくさんの発見のある旅になろう。本書がそんなこしのお役にたてばうれしい。

熱帯林の恵み◉目　次

熱帯林の恵み

プロローグ

熱帯の非木材林産物と私たちの暮らし

熱帯林からの多様な非木材林産物

森林からの産物を大きく「木材林産物」と「非木材林産物」に分ける。まえがきで述べたように、丸太、製材品、チップ、パルプ、木質パネルなどを「木材林産物」といい、その他の産物を「非木材林産物」、それはさらに「植物性非木材林産物」と「動物性非木材林産物」に分けることができる。しかし、木材林産物と非木材林産物の区別を厳密に考えると、案外難しい。たとえば、薪炭だ。日常生活においてきわめて重要なもので、明らかに木材だが、これは多くは幹を伐採せずに枝だけを利用するので非木材林産物として扱われている。

その植物性非木材林産物として、(1)バナナ・ネジレフサマメなど果物や野菜、ピリナッツ・シイの実などナッツ、フタバガキ科樹木からの油脂、シナモン・ククイノキなどからのスパイス・調味料、サゴヤシからのでん粉、ヤシ類からの甘味料・飲料・リキュールなどの食糧、(2)家畜・家禽、魚類飼養のえさ、ミツバチの蜜源、カイコのえさ（クワ）など飼料、(3)人および家畜のための薬品、狩猟用の毒、殺虫剤など薬用、(4)カユプテ・オイル、イランイラン・オイル、白檀油など化粧品・香水など薫香剤、(5)フタバガキ科樹木からのダマール、ナンヨウスギ科樹木からのコパール、マツ類からのオレオレジンなど樹脂（レジン）、ワックス、染料、タンニン、植物油脂、ジュルトン、漆などの工業原料、(6)衣料、マット、ロープ、クッション用の繊維原料、(7)ラタン、タケ、ビャクダンなど工芸用木材・材料、(8)ランやシダなど園芸用植物、切花、ドライフラワーなど鑑賞用植物があげられている。

もう一つの動物性非木材林産物も、蛋白源また工業原料として需要なものである。シカやイノシシなど野生獣類の肉・皮革・骨、野生鳥類の肉・卵・はね（フェザー）、ツバメの巣（食用巣）、トカゲ・ヘビなど爬虫類の皮革・甲羅、蜂蜜・蜜蝋、絹糸、ラックカイガラムシからのラック（シェラック）、そして食用昆虫、ペット・標本などだ。

各国とも林業統計を公表しているが、非木材林産物は国によってその内容がちがう。もっとも大きな森林面積をもつインドネシアの林業統計では、非木材林産物として、シラップ・ウリン（屋根葺き用のボルネオテツボクの薄板）、木炭、燃材、ラタン、テンカワン（フタバガキ科樹木種子からの油脂）、コパール（ナンヨウスギ科樹木からの樹脂）、松脂、カユプテ（カユプティ）・オイル、絹糸、タケ、ダマール（フタガガキ科樹木からの樹脂）をあげている。

さらに、「ツバメの巣」がある。とびっきりの中華料理の食材の一つ、ツバメの巣（バードネスト・スープ）のもと、ツバメの巣とは洞窟の天井に巣をつくるショクヨウアナツバメの巣のことである。その洞窟が国有林内にあるとき、そのツバメの巣の採取に税がかけられ、それが林業省の収入になるということである。ミャンマーの林業統計には「グアノ（コウモリの糞）」が掲載されている。コウモリは昼間は洞窟にいる。コウモリの糞が溜まっている洞窟が国有林内にあるとき、その収穫に対する税が林業省の収入となるということだ。このコウモリの糞は肥料として利用される。

また、海の中に発達するマングローブからの産物は海産物でもあるが、マングローブはどこの国でも林業省・林野庁の管理下にある。林産物だともいえる。魚、エビ、カニ、貝が林産物ということにもなる。森の中の湖沼や小さな河川の魚やエビも、林産物ともいえる。非木材林産物がきわめて多様なものを含むこと、国によってその扱いが大きくちがうことがわかっていただけよう。

森林先住民の伝統的知識の保護

最近まで、木材がメジャー、非木材林産物はマイナーと考えられてきた。しかし、現在ではどちらも重要な林産物であるという新しい認識である。非木材林産物生産を主目的にする森林では木材を伐りだすのではないのだから、森林の相観・構造を大きく破壊することなく森林を維持でき、森林のもつ多様な公益的機能を発揮させ得る。もちろん、木材の販売よりも、より大きな利益を期待でき、それが直接、地域住民に還元でき、地域住民によって森林が管理されると期待されているのである。

一九九二年、ブラジルのリオデジャネイロで開かれた地球サミットのフォローアップを行う国連持続可能な開発委員会のもとに設置された「森林に関する政府間パネル」の最終報告書では「森林に依存して生活している先住民等のもつ森林に関する伝統的知識が、地域の持続可能な森林の維持・経営の推進に重要な役割を果たす」との認識が示され、各国・各国際機関に対して彼らのもつ知識の保護とその適切な利用が勧告された。

このことは多様な民族がいることとも関連する。たとえば、インドネシアには一万三五五七の島があり、そこに三五〇もの種族が住み、その言語は二五〇もあるといわれれるし、ベトナムでも五三の種族がいるとされる。言語や種族の数は定義でかなり異なるようだが、東南アジアに限っても多様な民族がいること、それは狭い範囲に住んでいることを意味する。これと生物の多様性が密接に関連する。

生物種が多様であるということは、それぞれの地域で種がちがう、すなわちそれぞれがきわめて狭い地域に分布しているということを示している。そこにしかない、そこにしかいない種、いわゆる固有種が多いのである。それぞれの民族が固有の言語と文化をもって、森と深い関わりをもち多様な林産物を享受してきたのだが、森林がなくなることで、また民族固有の言語が失われることで森の恵みが失われている。熱帯林の中で起っている変化が、私たちの生活と無関係ではないのである。いや、先住民の伝統的知識・文化の消失は私たちの文化が失われていると考えないといけない。

熱帯林で培われてきた知識を人類共通の財産として維持・活用すべきなのである。とくに、薬用植物の効果については、数千年の人体実験によって確かめられてきたものだ。薬用植物に関する知識では、その利用・工業化が知的所有権・特許への問題へと発展し、開発途上国と先進国の係争にもなっている。しかし、これは人類共通の財産との立場から解決できる問題だと思っている。

なお、非木材林産物については『熱帯の非木材林産物』(国際緑化推進センター)、また私たちの東南アジアでの非木材林産物生産の実態調査については『熱帯林の保全と非木材林産物』(京都大学学術出版会)で述べたので、それらを参考にしていただきたい。

1 ミャンマーのお化粧 タナカは樹木の粉

その日の気分で○や□に

ミャンマー（ビルマ）を訪れてまず驚くことは何といっても、パゴダ（仏舎利塔）の数の多いこととその壮麗さであろう。その第一が首都ヤンゴンのシュエダゴン・パゴダだ。ヤンゴンを訪れてここへ行かない人はいない。ともかく、派手、きんきらきんで、日本の寺院の白と黒の静寂の世界とは、まったく対照的だ。中の仏像もかなりちがう。罰があたりそうだが、日本の仏像はどれも瞑想中で眼を閉じ、何も見ず何も聞こえない境地のようだ。ところが、ミャンマーの仏像はいずれも眼をぱっちりあけて、真剣に願いを聞いてくれている。つい、手を合わせ、お願いしたくなる。ヤンゴンの有名な涅

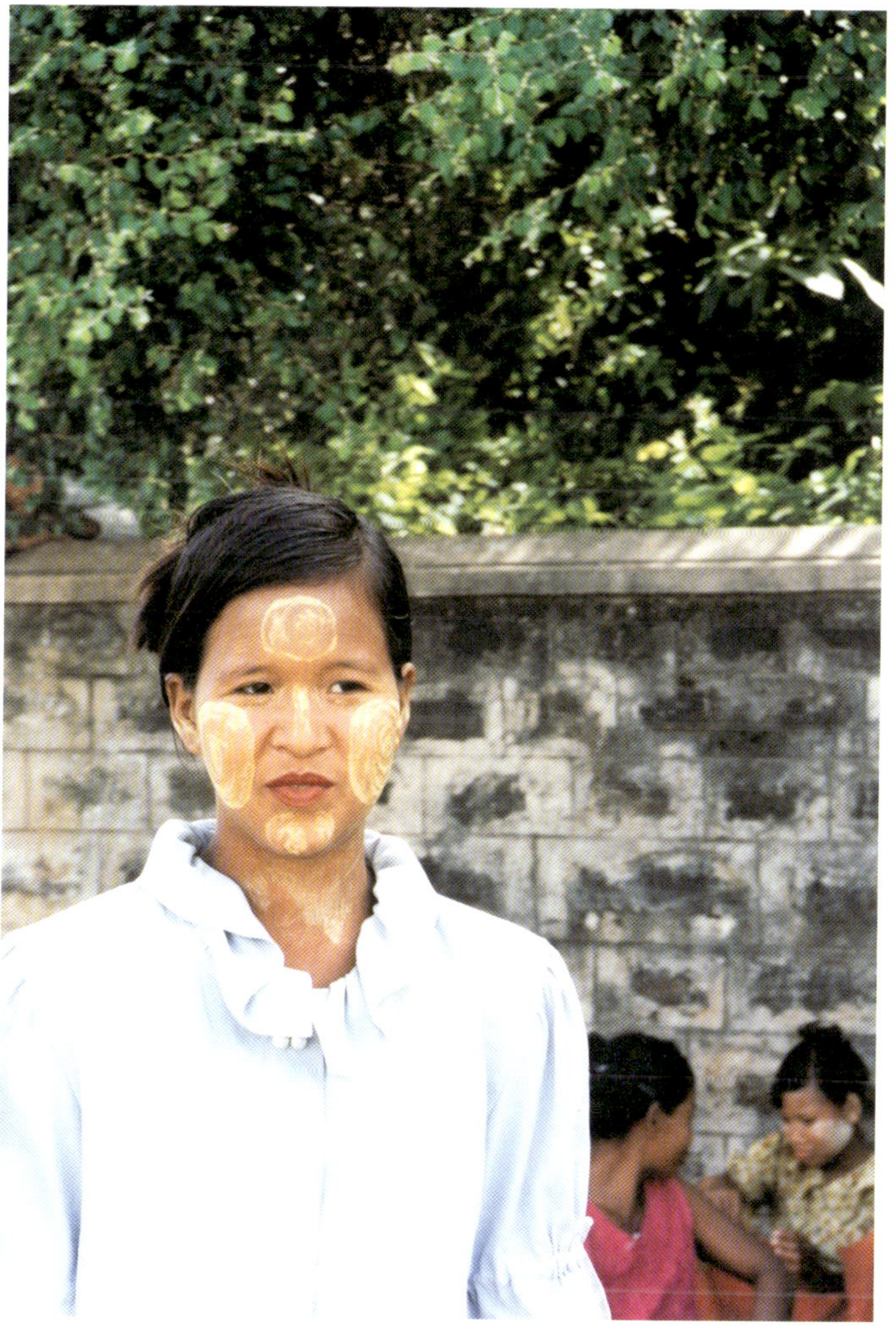

1-1●いつもこのくらいは塗りますよ（ミャンマー、ピエイ）

槃仏（寝仏）チャウッタッチー・パゴダなど、アイ・シャドウも濃く、妖艶とさえ感じるほどだ。

もう一つの驚きが、老若に関係なく、女性ならまず一〇〇パーセント、子供もその多くが、顔や首にやや黄色みを帯びた白いお化粧をしていることだろう。「男はしない」とも聞いたが、男でも塗っているのをみる。お化粧といっても、うっすらと塗っているのではない。ここまで塗りましたと、はっきり示すお化粧だ。その塗り方は半端ではない。歌舞伎役者か京都祇園の舞妓さんの、あの化粧だ。

顔全体にまっ白く塗っている人、頬にだけ丸く、あるいは四角く塗っている人、額や頬に線状に模様を描いている人、みていて同じ化粧はない。それでも基本の塗り方は頬から耳にかけて、引っ張ったものだろう。これが一番しやすいお化粧のようだ。頬の丸や四角が本当にきれいなのも不思議だ。毎日のことなので、みんな上手になるのだろうか。まさか型紙など使ってはいまい。

とはいえ、中には左右が非対称の人も結構いる。このアンバランスでよく外出できるなあ、「鏡をみながらお化粧したの」と聞いてみたいときもある。線を描いている人は、それぞれに個性がでている。若い女性の間では、花模様を描くのがファッションらしい。私が秀逸と思ったのは、両頬に小さな丸が一点の若い女性だった。塗りたくった人の中で、はっ

1-2●頬から耳へ引っ張るのが基本だ（ミャンマー、ヤンゴン）

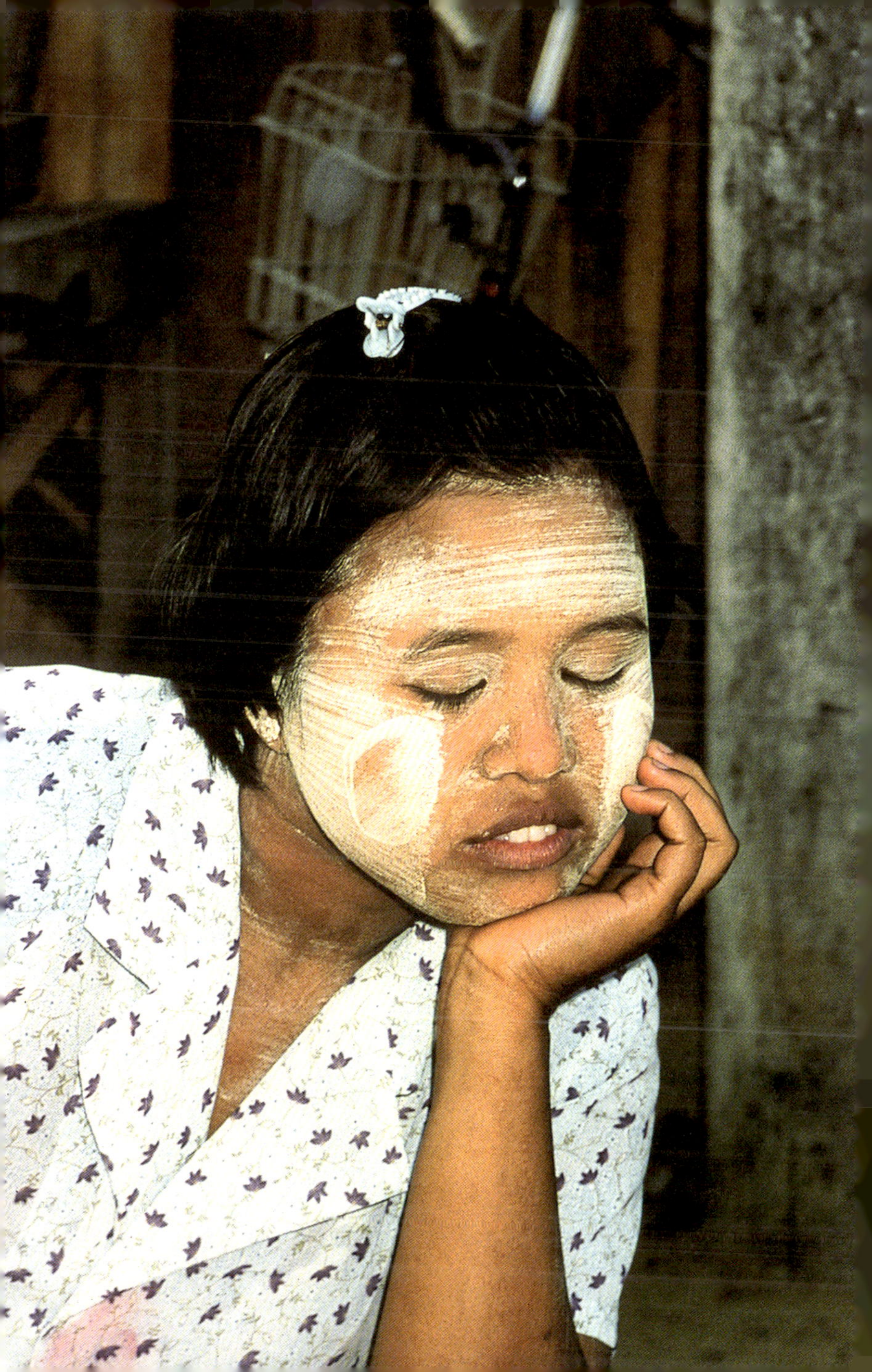

きりと独自性をアッピールしていた。その日の気分で丸にしたり、線にしたりするのだろう。いずれにしても、お化粧が楽しみということなのだろう。

これが「タナカ」と呼ばれるミャンマーのお化粧・化粧品である。ミャンマーへ旅行された人なら、誰もが印象づけられることだけに、ミャンマー旅行記を読むと、かならずこのことが書かれている。このタナカが樹木を粉にしたものだと聞いて、がぜん興味がでてきた。

タナカはゲッキツ(月橘)ではない

どの旅行記でもタナカをゲツキツ（ゲッキツ・月橘）（*Murraya paniculata*）だとしている。ゲツキツはミカン科の低木で、細長い小さな赤い実がつき、鉢植えが喫茶店などにもおいてある。沖縄・竹富島には野外にたくさんあったし、那覇の国際通りの街路樹の下にもあった。タナカをゲツキツだとしたのは、NHK取材班『ビルマからの報告』（日本放送出版協会）を読んでのことらしい。この中でタナカをゲツキツだとしているのである。また、最近、たくさんの旅行者がもっている『地球の歩き方（ミャンマー）』（ダイヤモンド社）では、ムレア・エグゾティカ（*M. exotica*）としている。現在、この学名は使われていないが、これもゲツキツのことである。中には、タナカはカシの木だとしているものもあっ

1-3●タナカはカラタチに似る（ミャンマー、モービィ）
1-4●タナカ林（モービィ）

た。

やっとみつけたタナカ（*Naringi crenulata* = *Hesperethusa crenulata*）の樹皮は白っぽく、でこぼこしている。枝には鋭い大きな棘がある。葉は三対の子葉をもつ奇数羽状複葉で、みた瞬間、日本のカラタチかフユザンショウに似ていると思った。まちがいなくミカンの仲間だ。気がつくと、村のまわり、あるいは家屋のまわりに数本ずつ植えてある。自家用である。

このタナカはインドから東南アジアにかけて分布する最大一二メートルになる樹木でミカンに似た小さな果実をつける。この果実は少し苦味があるものの、香りがよく、酸味をだす調味料として利用しているし、若い葉は野菜として生で齧ることもあるらしい。

すでに述べたように、このタナカ、女性のほとんどが塗っているのだから、それこそどこにでも売っている。露店、路地裏の雑貨屋、市場、そしてヤンゴンのデパート、視界の中にかならず入ってくる。日常品なのだから、露店や雑貨屋では食品と一緒においてある。パゴダへの参道にもたくさん売っている。といっても、多くは原木そのままだ。一番多いのは、直径五センチ、長さ一〇センチくらいの短いものを束にしたものだ。薪を売っているのかとさえ思える。値段を聞くと、六本一組で一〇〇チャット（一九九八年当時、約三〇円）だという。七〇センチもの長いものが立てかけてある。この方は杖のようだが、これは七〇〇チャットだという。

大きくても安いもの、小さくても高いものがあり、値段がだいぶちがう。安いものは樹皮が削って

1-5●パゴダの参道で売られるタナカ（ミャンマー、バガン）

あり、まだら模様だ。タナカの最高級品は樹皮だけでつくるとも聞いたので、樹皮がないものは当然安いということになろう。曲がりくねったものもある。根元のようだ。材のすべてが使えるということらしい。

タナカブームを起こす

この原木といっしょに、丸いお皿、あるいは硯のようなものを売っている。タナカの原木を磨り潰し、粉にする道具である。これをチャッピン（チャウピン）という。丸いお皿の縁に浅い溝が掘ってある。擂鉢のような筋はついていない。硬い石でできている重いものだ。この上でタナカを摺って粉にし、溝にたまった粉に少し水を足し、ペースト状にして、顔に塗るのである。チャッピンには大きなものと小さなものがある。小さなものは携帯用だという。結構、重いものを持ち歩いているものだ。

もちろん、加工したものも多い。小さなポリ袋に入った粉末、粉末を固形石鹸のように丸く、あるいは四角く固めたもの、そして、プラスチックの容器に入ったペースト状のものだ。ペースト状のものは、ブランドもさまざまで、きれいな容器に入ったものは一箱一五チャット（四・五円）だったが、固形石鹸状のものは何と一〇個が六チャット（一・八円）だった。品質がちがうということだろうが、

1-6● タナカの原木・粉末・ペースト・固形品が並ぶ（バガン）

それでも、原木を細かい粉にしただけのことだ。日本の化粧品と比較して安いことは確かだ。

ヤンゴンと遺跡の町バガンの中間のピエイ（旧プローム）へはミャンマー林業局のプロジェクト支援のためよくでかけた。露店で売っているタナカにカメラを向けていたら、顔にタナカを塗ってくれた。暑い日中のこと、汗たらたらだったのだが、すっとした涼しさとほのかないい香りがした。ちょっと恥かしかったが、ホテルまでその顔で歩いて帰った。

なお、女性が顔いっぱいに白く塗っているのは、ミャンマーだけでなくインドネシアのスマトラ、スラウェシ、ロンボクでもみた。ロンボクではこのお化粧をププールといっていたが、黄色身が強かった。カレーの黄色い色のもとターメリックとお米の粉とでつくったもので、このププールは市販もされているという。それでも塗りたくったという感じ、私にはタナカの方が上品にも思えた。タナカもプールも日焼け防止らしいのだが、毎日が強い陽射し、無駄な努力だとも思ったのだが、これは女性の気持ちをわかっていないということだろう。

このタナカが世界市場を制覇する有名ブランドのファンデーションなどの化粧品に駆逐され、ここミャンマーでも消費が減っていくのか、逆に天然素材が評価され、これから世界市場にでて行くのかの予想ができない。それがタナカの需要の今後を左右する。日本の大手化粧品メーカーもこのタナカのことを知らないはずはないと思っていたら、やはりその効果を調べていた。私が集めていた原木、パウダー、ペーストなども研究試料として提供した。

ところが、化粧品として一番売り出せる効果、すなわち、UV（紫外線）カットの効果が少ないとわかったとの報告だった。日本で売り出す気配は今のところ、どうもないらしい。それでもまだ、天然素材ブームの先進国で、このタナカが案外、はやりそうな気がしている。

大学での講義でも、東京・原宿か六本木で一週間、数人がタナカを塗ってデモンストレーションしてくれれば、ガングロ（顔黒）を駆逐し、一気にタナカ・ブームを起せる、そのことでミャンマーの森林が維持でき、山村の暮らしが楽になり、みんなきれいになれるといっているのだが、残念ながらボランティアーはまだ現れない。最後の頼りは大阪のおばちゃんたちだ。

これだけ毎日使われているのだから、ミャンマー全体なら、それはたいへんな消費量だ。ミャンマー林業省の統計では年間約五〇〇トンとされているが、自家用に村のまわりから伐ってくるなど、統計に表れない量も多いはずだ。ということは、それだけのタナカを供給するタナカ林があるということだし、需要がもっと大きくなれば、さらにタナカ林を広げればいい。そのことでミャンマーの森林が増え、自然環境が守れ、山村社会の経済が潤うのである。

2 ココヤシ（ココナッツ）もっとも頼りになる作物

ココヤシの下では立ち止まらない

熱帯の風景を特徴づけるもののまず第一は、村のまわりや海岸にすくっと立つココヤシ（*Cocos nucifera*）だろう。標高の高いところを除いて、熱帯でココヤシが眼に入らないところはない。このココヤシの原産地は南太平洋諸島だといわれる。インドネシア・マレーシアでクラパ、タイでマップラオ、フィリピンでブコなどという。枝のない幹をまっすぐに伸ばし、その上に笠状に五〜七メートルにもなる大きな葉を広げる。樹高は最大三〇メートル、幹も八〇センチになる。

村のまわりにあるということは、これが日常生活を支える頼りになる作物だということを示してい

2-1●硬い殻（外果皮）をとるとおサルの顔がでてくる（タイ、サムイ島）

る。ココというのはサルを意味するという。実際、外果皮をとった姿は、おサルの顔であった。ココヤシは植物としてのココヤシ全体をさすが、ココナッツという場合は果実、いわゆる「ヤシの実」を指していることが多い。

　ヤシの実の大きさは人の頭くらい、重さ三・五キログラムにもなる。一つの果実からは普通は一つの芽しかでてこないのだが、インドネシアのボゴールで一つの果実から二つの芽がでたものをみせられ、きわめて珍しいものだといわれたことがある。また。幹はもちろん一本で、枝はでないものだが、タイ南部の有名なリゾートのサムイ島の中央部に、幹の上部からいくつもの枝といったらいいのだろうか、幹といったらいいのだろうか、八本の枝がでたものがあった。この島もココヤシで覆われた島、ていねいにさがせば、一本くらい途中で枝のでたものが他にもありそうにも思ったが、きわめて珍しいココヤシらしい。サムイ島へはバンコクからの直行便もあるし、スラータニーからの船の便もある。インドネシア、バリ島南部のタクムンというところにも、道路わきのヒンドゥ寺院に四本に分かれたココヤシがあった。

　海岸のココヤシ並木もいいものだ。プライベート・ビーチなどでは、このココヤシの下にキャンバス・ベットが並び、テーブルがおいてある。しかし、実はここは危険だ。実際、一度、ココヤシの下でごはんを食べている私のすぐ横に、大きなココナッツがドスンと落

2-2●珍しく枝分かれしたココヤシ（サムイ）

ちてきたのである。頭にでも当たっていたら、たいへんなことだった。それからはココヤシの真下では立ち止まらない。

熱帯で一番清浄な飲用水

ココヤシは花が咲いて果実が熟すまでに一年半もかかるというが、年に四〜五房の花をつけ、それに一五〜二〇個の実をつける。すなわち、年に六〇〜七〇個の実をつけ、それがほぼ五〇年間も採れるという。果実は普通、緑色であるが、やや小型の金色の品種もある。ホテルなどでは観賞用にこの金色の方を植えるのがはやっている。

若いココナッツの中にある水、いわゆるココナッツ・ジュースは果内にたまった果水だが、熱帯がはじめての人にとって、味わっておかなければならないドリンクだ。どこにでもある。少し生臭いが、熱帯で一番清浄な飲料水である。この厚い果皮、硬い種皮をくぐってくる細菌はいない。おまけに、単子葉植物では一番大きな種子、それだけに大きな芽をだす。それを育てる十分な栄養も入っているということだ。この果水を固めたものがナタデ・ココである。

このココナッツ・ジュースを飲むとき、アルミ製のちりれんげをつけてくれることがある。これで

2-3●バリ島のチャナン

内果皮（核）の内側の白い胚乳をそぎ落とし、食べるのである。胚乳は若いココナッツだと薄い膜だが、成熟したものでは厚さ五ミリもある。そのかわり水は少ない。成熟したあと、この胚乳を干したものがコプラ、いわゆるココナッツ・フレークである。新鮮な胚乳を粉砕したものがココナッツ・ミルクで、東南アジアではカレーやスープなど調理には欠かせないものだ。

乾燥させたコプラからヤシ油を搾る。ヤシ油は東南アジアから「植物油脂」として大量に輸入され、食品・石鹸など多様な用途に利用されている。「手にやさしい洗剤」とか、「環境にやさしい」とかいって、化学合成の洗剤より人気があるようだが、そのために熱帯森林が伐採され、ココヤシ園に換っているのも事実である。

ココヤシは果実、葉、幹、すべてが利用できる。果実（ココナッツ）の外側、中果皮は粗い繊維質で、これをほぐして紐やロープやブラシをつくる。機械で編んだものはコイアー（コヤ）と呼ばれる。現在使っているタワシはほとんどが、ココナッツの繊維でつくったものだ。靴脱ぎ場のマットもそうだ。コプラをとったあとの殻を炭にしてヤシ殻活性炭・吸臭剤にする。

内果皮はきわめて硬く、半分に切ってひしゃくにしたり、タッピングしたあと流れでてくるパラゴム（ラテックス）を受ける容器にし、さらに小さく加工してスプーンやカスタネットなどの楽器をつくる。最近では殻を半分に切って、洋ランなどを育てる容器にしたりしている。葉は編んで屋根を葺いたり、壁にしたり、団扇など工芸品に加工、幹はそのまま柱として、また板に挽いて家屋の建築材とする。幹を輪切りにしたあと削ったサラダボウルやコップなどもいいものだ。

インドネシア、バリ島ではヒンドゥ寺院はもちろん、店舗や家屋のまわりにココヤシの未展開の白い葉を編んだお皿に黄色いマリーゴールド、赤いホウセンカ、青いアジサイなど、とりどりの花やごはんなどの供え物をのせたチャナンが眼につく。その数は半端ではない。朝、きれいに飾られていたものが、昼過ぎにはしおれ、ハエがたかっているのだが、その片付けはしない。この落差にはいつも疑問を感じる。

ココヤシの花が咲くとその房の根元を切り、ぽとぽと落ちる液をタケ筒や瓶などで集めて、数日放置・発酵させて、ヤシ酒をつくる。インドネシアでは、樹液をニラ、発酵させたものをトアック、さらに蒸留したものをアラックといい、トアックの入った大きなタケ筒を背中に背負って市場や観光地に売りに来る。コップは一つもっているだけ、薄汚れて

2-4●ヤシ酒（トアック）売り（インドネシア，ボゴール）

FOTO CAMERA
CAMERA PHOT

いるが、飲むのはアルコールだ。心配ない、味わってみられるといい。甘いとき、薄いとき、すっぱいときがある。採ってからの日にち、発酵の程度がちがうのである。バリ島ではシンガラ焼きのきれいな陶器に入ったアラック・オブ・バリとか、アラック・バロンといった銘柄が売られている。

ココヤシはもちろん、サトウヤシ（*Arenga pinnata*）、タラパヤシ（*Corypha utan*）などの花穂を切り、樹液を集め、これを煮詰めてヤシ糖をつくる。沖縄の黒砂糖に似たものだ。固める容器でかたちのちがう砂糖の塊ができる。これをヤシの葉で包んでいることが多い。おみやげによくこれを買ってくるのだが、ときに砂やごみが入っていることがある。自家製が多いのである。

このココヤシの下でコーヒーやカカオを栽培していることも多い。ココヤシを被陰樹として利用するのである。コーヒーやカカオは直射日光には弱い。適度の被陰で結実がよくなる。家屋のまわりでは大きな葉が熱帯の強い陽射しを和らげてくれている。

ブタオザルの活躍

すべてが利用できるココヤシ、きわめてありがたい作物であるが、最大の問題がココナッツをいか

2-5●ヤシの葉に包まれたヤシ糖（インドネシア、ウジュンパンダン）

に収穫するかということだ。つるつるではないとはいえ、枝もなく、とっかかりもないココヤシの幹を登るのはたいへんだ。それもナタで、大きなココナッツをぶら下げているひも（果柄）を切り落とさないといけない。とても、へっぴり腰で登っては仕事にならない。多くはこのココヤシに登るため幹に足場が刻んであったり、はしごがかけてある。木登り上手の専門職にまかせることも多いようだ。

とはいえ、ココナッツは次々と熟していくもの、一度にたくさん採るものではない。一本のココヤシから一、二個とり、下りてきて次の幹に登らないといけない。かなりの重労働だ。タイ南部でココヤシの幹と幹との間に上下平行に二本のタケをつなぎ、上のタケを手でもち、下のタケの上を歩いて移動できるようにしたところをみたが、雨の多いところのこと、タケが腐ってしまうのも早いだろう。

スリランカの大きなヤシ園では幹と幹の間に二本のロープが渡してあり、下のロープに脚をのせ、上のロープを手でつかんで移動できるようにしていた。樹上にたくさんのロープが張り巡らされていたが、タケと同様、ロープの信頼度が心配になった。疑っていたら、とても渡れない。タケを継ぎ足し、長い竿の先に刃物をつけ、ココナッツを落とすこともあるが、長い竿が揺れ、思い通りのところへパッチとは届かない。

タイ南部やスマトラには、このココナッツ採りをブタオザル（*Macaca nemestrina*）にやってもらっているところがある。その訓練をする学校がタイの半島部、スラータニー近郊のカンチャナジットというところにある。ここに入学したサルは、三ヵ月で熟したココナッツだけをくるくる回し、柄をねじ切って落すことを完全にマスターするという。一度登ったら下りてこなくてもいい、幹から幹へ飛び移ればいいのである。プロでも一日に八〇〜一〇〇本のヤシに登るのが限度らしいが、熟練のブタオザルは一日に一〇〇〇〜一五〇〇個ものココナッツを落すという。スラータニーからサムイ島への旅行では、ちょっとここに寄られたらいい。感動する授業が見学できるはずだ。

ココヤシは熱帯を象徴する植物だが、それは人々の暮らしと深く結びついている。

3 ドリアン　大好きと大嫌い

熱帯のにおい

「熱帯のにおい」がある。ジャカルタやバンコクに着いたとき、むっとする熱気とともにくるにおいだ。どんなにおいかと聞かれても困るが、熱帯のにおいだとしかいいようがない。

はっきりしているのはドリアンだろう。果物の王様といわれるのに、評価は真っ二つ、それも大好きと大嫌いに分かれる。私自身も、もう四〇年以上も前のことになってしまったが、はじめてタイ南部のハッジャイで大きなドリアンを買ったときは、一切れ食べただけで、これはだめだとボーイにやってしまった。しかし、その後、ドリアン大好き人間になっている。サラワクのクチンへ学生数人を連れて行ったとき、みんなは試しに一切れずつ食べてくれただけ、結局、残りの全部を責任をとって私が食べたことがある。

タイのドリアンは大きく、インドネシアのものは小さいが、いずれにしろ、人の頭くらいあり、表面に円錐形・五角形の鋭い棘がある。熟すと縦に五つに裂ける。どこで裂けるかがわかるなら、そこを割れば扱いも簡単なのだが、それがわからないと割るのはたいへんだ。売っている人はもちろん、ちゃんとわかっている。女性でも簡単に割ってくれる。

熟すまでは鋭い棘のついた堅い鎧で中の種子を守っているものの、いったん熟すと、さあ食べて下さいといわんばかりに、この鎧を反転させる。クリの実くらいの大きな種子を黄色の果肉（仮種衣）が包んでいる。この仮種衣を食べるのである。

熱帯にはドリアンをはじめ、幹に花を咲かせ果実をつけるものがたくさんある。幹生花（果）と呼ばれるのだが、ドリアンやジャックフルーツ（パラミツ）のように、いずれもくすんだ色をしている。枝先に小さな色とりどりの実をつける樹木は昼間、その果実を野鳥に食べてもらい、種子を運んでもらう。一方、幹の下部に大きな実をつけるものは、オオコウモリ（ミクイコウモリ）やオランウータンなどのけものに食べてもらい、種子を運んでもらうのである。

幹生果には大きいものが多い。ジャックフルーツでは四〇キログラムを越えるとか、最

3-1●売られるドリアン（タイ、スラータニ）

大六〇キログラムになるというし、ドリアンでも七〜八キログラムにはなる。こんな大きな果実が、枝先についたら枝が折れてしまう。けものに食べてもらい種子を運んでもらうのだから、根元近くにつける方がいい。けものの多くは夜行性だ。果実に派手な色はいらない。そのかわり、熟したことを腐ったにおいで知らせるのである。

ホテルへは持ち込み禁止

ドリアンは東南アジアの原産、森の中には野生のドリアンが三〇種類くらいあるという。ドリアン園もあるが、村のまわり、家屋のまわりの植えていることも多い。すくっと立つ樹形で、私にもドリアンだとの区別ができる。花自体も、夜になるとすっぱいミルクのような香りがするという。夜行性の昆虫やオオコウモリを誘って受粉を促すのである。

栽培のドリアンにもたくさんの品種がある。大きさ、形、種皮の色、そして味のちがいは大きい。タイではモントン、カンヤオ、チャニーといった品種がおいしく、値段も高い。これらの品種は中に種子がないか、あっても小さく、食べるところがたくさんある。といっても、昔のスイカと同じように、当たりはずれが大きい。四角いドリアンというのがあった。四角い竹と同じようにフレーム（枠）

3-2●太枝にぶら下がるドリアン（タイ、チャンタブリ）
3-3●ドリアンの果肉

に入れてつくったのであろう。種子も焼いて食べる。粘りの強い栗のようだ。

車で走っていてもドリアンを売っているのは、そのにおいですぐにわかる。このドリアンのにおい・香りの表現で、まだ本当にうまい表現に当たっていない。日本にないにおい・香りなのだから、たとえようがないのである。味の表現・評価も大きくちがう。先にも述べたように、大好きと大嫌いの両極端だ。

「チーズの腐ったような」とか、「甘いクリームに、べとべとのブルーチーズを混ぜたもの」とかいうのはいい方で、ひどいものは「腐ったタマネギ」、「腋臭のようなにおい」、「トイレのにおい」、中には「白いウ○チ」だとさえ書いてある。私の友人にも町中での突然のプロパンガスのにおい（本当はドリアン）に、ガス爆発の心配をしたのがいる。ある辞典には「強いドリアン臭がある」と書いてあった。これではまったく説明になっていない。

日本でもデパ地下のフルーツ売り場で一個一万円もの値段で売られていたことがあったが、本当にトイレのにおいではここにはおいてもらえないはずだ。トイレのにおいとは絶対にちがう。それでも日本で売っているものは、鼻をくっつけると、「ああ、ドリアンのにおい」と思うほど、においが少ない。脱臭処理をしているのだろうか。

産地の東南アジアにも、このにおいが嫌いな人がいるし、観光客には嫌いな人も多い。それだけにホテルの入り口には「ドリアン持込禁止」の標識がある。ドリアンの絵の上に×が書かれているはずだ。隠して持ち込もうとしても無駄だ、かならずばれる。シンガポールではドリアンをもっての地下鉄乗車はできないようだ。飛行機の客室への持ち込みも、もちろんお断りだ。果肉だけをサランラップに包み、それをタッパーに入れて密閉し、さらにガムテープで封をし、ポリ袋に入れてもかすかににおう。とはいえ、実はこれは私がドリアンもって帰る方法だ。

品種によっては、本当ににおいのきついものがある。タイ、カンチャナブリの奥でのこと、タイの友人が買いバスに持ち込んできたドリアンは本当に強烈なにおいを発するものだった。他の乗客にも迷惑だなと思っていたのだが、あとでお相伴にあずかると、色は濃い黄色のおいしいものだった。市場にでないローカルな品種だったのだろう。カンボジアとの国境に近いトラートに近い海岸のマングローブ研究所に泊めてもらったとき、室内に数個の小さなドリアンがおいてあった。これも臭かった。シャツにしみ込んだにおいが洗濯してもとれなかった。

ドリアンを食べに東南アジアへ

ドリアンは生食するのもおいしいが、私のお奨めはタイのカウニョウ・トゥリアンだ。タイではドリアンといわないで、トゥリアンという。暖かいおこわに熟したドリアンをつぶして混ぜ合わせ、これにココナッツ・ミルクをかけたものだ。食事のあとで、デザートによくこれを注文する。これは高級レストランでもでてくる。

トゥリアン・クワンという筒状のドリアン羊羹（ペースト）も売られている。確かにドリアンのにおいがするが、ドリアン好きの人の評価は低い。ドリアンにでんぷんなどを混ぜたものだ。生にかなうはずがないが、ドリアンがたくさん入っている少し値段の高いものは結構いける。タイ南部でドリアンから果肉をはずし、ドリアン羊羹を作っているところでこれを買ったことがある。百パーセント、ドリアンなのだから、これはうまかった。インドネシアにもこのドリアン羊羹はあり、ここではレムポック・ドリアンという。

月餅にもドリアン入りのものがある。華僑の多い東南アジアではどこでも、ムーン・ケーキといって九月に入るとたくさんの月餅が売りだされる。パン屋でも月餅を売りだすほどだ。日本の月見だんごと同じである。アズキあん（餡）、ハスの実、ナッツなど中味のちがう八種の月餅の詰め合わせがあった。これをプレゼントしたら、あとで一個腐っていたといわれた。ドリアン入りだったのだが、説明をしていなかったのは失敗だった。ドリアン・アイスクリームもある。レストランで食後に注文すれば、これはすぐにでてくる。

インドネシアにはドリアン・ジュース、ビスケット、キャラメル（ヌガー）などがあった。ドリアンのシーズン外でも、こんなものを口にしている。ドリアン臭はいつも身近なところにある。

3-4●ホテルのドリアン禁止の表示（タイ、バンコク）
3-5●カウニョウ・トゥリアン（タイ、シーラチャ）

よく、ドリアンを食べてビールを飲むと死ぬという。東南アジア旅行のガイドブックには「ドリアンを食べてアルコールを飲んではいけない、救急車を呼ぶはめになる」と脅かしている。私自身は下戸なので、十分な実験ができないのだが、そんなとき「それで死んだ人を知ってるか」と聞くと、「という話だ」といわれる。ドリアンを食べてビールを飲んではいけないが、ビールを飲んだあとでドリアンを食べるのはいいとか、ビールはいいがウイスキーがいけないとか、いろいろにいわれている。悪酔いするなど、アルコールと相性がよくないことは確からしい。

一八五四年から六二年まで八年間もの間、スマトラ・マレー半島からイリアンジャヤ・ニューギニアを何度も往復し、バリ島とロンボク島、ボルネオとスラウェシ（セレベス）で動物相がちがうことを発見し、ウォーレス線にその名を残すアルフレッド・ウォーレスはその著書『マレー諸島』で、「ドリアンはすばらしい風味をもっており、それを味わった人はみんな世界のあらゆるフルーツに勝っていることがわかる」、それだけに、「ドリアンを食べに東南アジアへ行く価値がある」と述べている。どうも、このことから、ドリアンが「果物の王様」と呼ばれるようになったらしい。

果物店に輸入ドリアンが並び、インターネットで注文できる時代になったが、ドリアンはやはり産地で味わうに限る。ドリアンを食べに東南アジアへ行く価値がある。

4 ラックカイガラムシ 天然の赤い食品着色料

食品の赤い色の秘密

新鮮な食品がもつ自然の色はおいしくみえ、食欲をそそる。イチゴにはイチゴの色、アズキ（小豆）にはアズキの色がある。しかし、その色は熱、光、酸素、酵素などで変色・退色する。変色・退色は食欲をそぎ、食品の商品価値をなくしてしまう。それだけに、多くの食品が着色料で染められている。本当に自然に近い色のものもあるし、明らかに着色だとわかるけばけばしいものもある。

食品には品名、原材料名、内容量、原産国、製造年月日、賞味期限などの表示が義務づけられている。表示をみれば、どんな着色料を使っているかがわかる。赤い食品着色料について述べたいのだが、その前に、「そういえば、おかしい」という例をあげておこう。かき氷の「いちご」や紙パック入りの「いちごオーレ」だ。鮮やかなかき氷のいちご、イチゴをつぶしたようなピンクのいちごオーレ、いずれもおいしそうだが、イチゴをつぶしてもこんな鮮やかな赤は絶対にでてこない。カニかまぼこ（蒲鉾）にも、本当にカニの身のような赤い色がついている。しかし、カニをいくら茹でても、カニは赤くなるものの、こんな色はでてこない。かまぼこに赤い食品着色料を塗っているということだ。

さて、その赤い色だが、それは表示をみればわかる。赤い色、あるいはピンク色をした食品はたくさんある。桜餅・紅白大福・羊羹など和菓子、ケーキ、ハム・ソーセージ、ジャム、明太子、ゼリー、キャンディ、ジュース、チューインガム、アイスクリーム、アイスキャンディなどだ。着色料が何と表示されているかみていただこう。

そこに「ラック（シェラック）」、「コチニール」、あるいは「アナトー」との表示をみつけるはずだ。実はラック（ラッカイン酸）はラックカイガラムシ（*Laccifer lacca*）、コチニール（カルミン酸）はコチニールカイガラムシ（*Dactylopius coccus*）、アナトーはベニノキ（*Bixa orellana*）からとった色素なのである。ラックとコチニールは虫からとった色素だと聞いて、「いや」と反応される方がいるかも知れない。アナトーについては、あとの25「染色と食品の着色」で述べる。

この他、赤色着色料には赤キャベツ、クチナシ、コーン、トマト、ニンジン、ハイビスカス、パプリカ、ベニバナ、ビートレッドなど植物から得た天然色素と、石炭の乾留でできるコールタールから

4-1●カニかまぼこ、この色も着色だ（タイ、バンコク）

得られるタール系色素と呼ばれる合成のアゾ色素（赤色2号、40号など）、キサンテン色素（赤色3号など）といわれる合成色素がある。表示に数字のついた合成色素名が書かれているはずだ。圧倒的に合成着色料が多い。

もっとも身近なあん（餡）パンを例にしよう。そこにもラック色素の表示をみつけるはずだ。あんパンのあんをラックカイガラムシからとった赤い色素で着色しているのである。これであんがきれいな赤紫に染まり、本当にアズキ色になる。色調はpH（酸性度）の調整や他の色素との混合で自由に変えられる。もちろん、アズキを使わず、他の材料を使ってアズキ色に染めても、原材料にアズキとは表示できない。

ラックカイガラムシ

このラック、あるいはシェラック（セラック）とは熱帯アジアに広く分布するラックカイガラムシの体表から分泌され、外側で凝固し巣の役目をもはたす樹脂状の分泌物のことである。カイガラムシはカメムシ・セミの仲間で、多くは名の通り貝殻（介殻）でからだを覆い、植物にからだを固定し、腹部にある口針を突き刺して樹液を吸う。昆虫の特徴である頭、胸、腹部の境界がない。卵から孵化した幼虫は脚があり移動できるものの、生長すると脚はなくなる。成熟したオスだけが再度、脚や翅を持ち、メスのところまで移動して交尾する。

中でもラックカイガラムシは好き嫌いなく何の木にでもつき、インドでは少なくとも二四〇種もの樹木につくことがわかっている。ライチー（レイシ）、リュウガン（竜眼）、マンゴーなどの果樹についたときは、収穫を減らす害虫だということになる。

しかし、日本でも食品着色料として使っていることでもわかるように、このカイガラムシを輸出産品として養殖しているのである。実際にカイガラムシを養殖しているのはインドではハナモツヤクノキ、セイロンオーク、インドナツメ、インドネシアでもセイロンオーク、タイではアメリカネムノキである。アメリカネムノキ（*Samanea saman*）とは日立のテレビ・コマーシャルの「この木何の木気にな

4-2●枝のまわりについたラックカイガラムシ（タイ、ランパン）

る木」のことである。

カイガラムシのついた小枝を長さ一五センチほどに切り、竹かごや稲わらで包み、これを増やしたい木の枝にくっつけておく。孵化した幼虫は枝先へ移動、ここに定着、生長する。カイガラムシが増えた小枝を落とし、木屑などごみをとり除き、粒状になった分泌物だけを輸出する。カイガラムシ収穫のため太枝まで落とされた樹形は無残だが、すぐに枝葉を伸ばし枯れることはない。乾季に入った一一月、タイ北部のランパン周辺なら、アメリカネムノキの枝を落としラックを収穫しているところ、あるいは枝を落とされた樹形をみることができよう。

わが国の輸入は主としてインドとタイからであるが、近年はインドネシア、中国、ベトナムからも入っている。二〇年前、一九八〇年には一八〇〇トンであったが、一〇年前の一九九〇年には一三〇〇トン、それが一九九八年にはわずか五四〇トンと大きく減っている。

糖衣錠・チョコボールにも

食品着色料としてのラックを紹介したのだが、実はこれは副産物である。本体の樹脂・ワックスの方が重要だ。もともとラックはレコード盤（LP、SP）と塗料のニス（ワニス）に使われていた。レ

4-3●アメリカネムノキ「この木何の木」だ（フィリピン、ロスバニオス）
4-4●ラックカイガラムシのついた枝を落とされたアメリカネムノキ（ランパン）

コード盤はラックにカーボン・ブラックを混ぜたものであった。しかし、レコード盤はカセットテープ、CD、さらにはDVDに、ニスの方も合成塗料にとって代わられた。ところが、現在ではこのラックのワックスがガムテープ・粘着テープ、絆創膏、医薬錠剤のコーティング、チョコレートのコーティング、フルーツワックスなど多様な用途に使われている。

ガムテープは一面に強力な接着剤が塗布してあるが、片面にはラックカイガラムシなどからのワックスが塗ってある。これで簡単に剥がせるということだ。それでなければくっついて離れなくなる。錠剤に塗って胃で溶けず腸で溶けるようにしている。糖衣錠ということだ。チョコボールもワックスが塗られてなければ、お互いがくっついてしまう。天津甘栗にも光沢剤として塗っている。袋入りの甘栗の表面がぴかぴかと艶があるのはそのためだ。甘党だけでなく、辛党もまちがいなくお世話になっている。

ラックにはこんな多様な用途があり、わが国としてはぜひとも欲しい熱帯林産物なのだが、相手は虫である。高温や日照りが長く続くと、カイガラムシも全滅してしまう。豊作・凶作の差が大きく、価格の変動が大きい。カイガラムシのついた枝を増やしたい木につけておけば増えてくれるとはいえ、村のまわりにカイガラムシが好む樹木のある森林がないといけない。商品として安定供給と品質の維持が必要だが、世界的には大きな需要がある。熱帯アジアの山村周辺に樹木を植え、そこでラックカイガラムシを養殖し、その分泌物・ラック（シェラック）を輸出すれば、山村が潤い、伝統社会が維

4-5●粒状のラック、これが輸入される（インド、ランチィ）

持できる。

発ガン性が心配される合成着色料で我慢するか、ラックカイガラムシやコチニールカイガラムシからとった天然色素の赤を選ぶかだ。よく明太子おにぎりを買うのだが、いつも表示をみる。「着色料（パプリカ・ラック）」というのと、「着色料（赤3、赤103、黄5）」、あるいは「着色料（黄5、赤102、赤106）」などと、メーカーによって表示はちがう。迷わずに、私は「パプリカ・ラック」を買った。もちろん、天然のものがすべて安全ではない。私たちのからだに必須の塩でも、砂糖でも取りすぎれば、健康を損なう。

食品の赤い着色料やコーティングに、ラックカイガラムシの分泌物・ラックが使われている。私たちの生活がいかに熱帯の産物に依存しているかわかる。赤い食品の表示をみて、「ラック」とあるのを確かめていただこう。

5 タケ 暮らしに密着・家屋からお箸まで

中まで詰まっているタケ

タケの種類は世界に九八〇種もあるというが、やはり東南アジアにもっとも多い。海岸を除いて、まずどこにでもタケがある。日本のタケと東南アジアのタケに、二つ大きなちがいがある。日本のタケはばらばらと一定間隔をおいて立っているのに、東南アジアではたくさんのタケが集まって株立ちになることである。これは日本ではタケノコは地下茎の節から、ほぼ一定間隔ででてくるのに、東南アジアのものは親タケの根元からでてくることによる。これでは株立ちになるわけだ。

もう一つが、タケノコ（筍）の季節で、もちろん雨季に多いものの、ほぼ一年中、タケノコがでることだ。種類ごとでタケノコのでる時期がちがうのだろうが、中にはほぼ一年中、次々とタケノコがでてくるものがあるようだ。市場を覗くと、生のもの、皮をむいて茹でたものが多いが、真っ黒くこげた焼きタケノコもある。かたち、大きさもさまざまで、中までまっ赤なものもある。それぞれに適した料理法があるようだ。東南アジアでは一年中、生のタケノコが味わえる。

タケの種類が多いということは、その長さ、太さ、節間の長さ、肉の厚さがちがうということだ。タイでパイ・ホックと呼ばれるゾウタケ（*Dendrocalamus giganteus*）は直径二五センチにもなる。バケツ・桶代わりに使える。パイ・ルアック（*Thyrsostachys siamensis*）は太さはせいぜい五センチだが、胸の高さくらいまでなら、節と節との中間で切っても穴があいていない。木と同じように中まで詰まっているということだ。

タイではタケのことをマイパイというが、マイは木、パイがタケ、「タケの木」ということだ。これで釣竿をつくれば重くて手がしびれてしまうが、紙をつくるのなら最高だ。実際、タイはもちろん、インドやインドネシアでは、現在でもタケから紙を作っている。

一九六五年のこと、ミャンマーとの国境に近いタイのカンチャナブリ奥地の純竹林地帯に製紙のためのタケ資源調査に約二ヵ月滞在したことがある。パイ・ルアックの純竹林地帯だったが、一ヘクタールあたり株数は八〇〇〜四八〇〇、そこに生きているタケが二万

5-1●タケは株立ち、純竹林地域もある（タイ、カンチャナブリ）

七〇〇〜二万七四五〇本、枯れているタケが四六〇〇〜一万九五〇本、蓄積（重さ）は三三・四〜一〇九・二トンだと報告した。今はこの地域もサトウキビ畑にかわり、クワイ河沿いにあったタケからの製紙工場も閉鎖されている。

どこにもある竹筒飯

私の好きな食べものにタイのカオラムがある。ベトナムではチャオラム、マレーシアではルマン、フィリピンでティノボン、台湾では竹筒飯というが、同じものだ。生のタケを切り、節を底にして、ここにモチ米・ササゲを入れ、ココナッツ・ミルクを加えてココナッツの繊維でふたをし、火の中に立て、蒸し焼きにしたものだ。地域によって使うタケがちがい、太いもの細いもの、長いもの短いものがある。焼いたあとタケ筒の外側を削り、厚さ一ミリくらいだけ残してある。これで手で簡単にはがすことができる。おいしいし、日持ちがいい。弁当にもおやつにもいいものだ。先のカンチャナブリでも熱々のものが欲しくて、村人のカオラム作りをよく手伝った。

さまざまなサイズのタケが身近にあること、中が中空で軽いのに強いこと、通直で先から元へきれいに裂けること、薄く、あるいは小さく裂いても折れずに曲げやすいこと、表面に艶のあることなど、

5-2●カオラム，タケ筒にモチ米・ココナッツミルクを入れて蒸したもの（タイ，メーサイ）

加工しやすい特性をもっている。「タケを割ったような性格」のたとえがあるように、まっすぐに割れるのがタケの特徴だが、東南アジアにはクライミング・バンブーと呼ばれる細く曲がりくねったつる性のタケや節ごとでジグザグに曲がるタケもある。

日本でもモウソウチクやチシマザサ（ネマガリダケ）の一斉開花がときどき報道されるが、その実は小さなムギのようなものだ。ところがベトナムには、スダチかカラタチのような大きな実をつけるものがあった。

フィリピン、ルソン島のマニラの西方、バターン半島の付け根にあるスービックはアメリカ海軍基地のあったところである。まわりはコゴンと呼ばれるチガヤの草原だが、この基地周辺にだけ森林が残されている。二〇〇五年一一月のこと、この森林を訪ねる機会があった。ガイドの原住民アイタ族の少年が途中でビエル（*Dinochloa acutifolia*）というやや細いタケをナタで伐った。道をあけるのかとみていると、「水を飲め」という。筒の中にたまっているのではない、切り口からぽとぽとと水がでてきた。もっていたペットボトルのミネラル・ウォーターにはとてもかなわないが、ちょっと汗をひかせてくれた。ジャングルでのサバイバルの知恵だ。

身近にあることから、タケは実にさまざまな用途に使われている。家屋の壁、柱、床はもちろん、高床式家屋の階段、屋根までタケだ。有名なインドネシア、スラウェシのタナー・トラジャのトンコナンと呼ばれる船形家屋の屋根は二つに割ったタケをまず上向けに並べ、その上に二つのタケにまた

5-3●さまざまな日常品がタケから作られる（タイ，ランパン）

がるように今度は下向きに並べ、それを厚さ五〇センチにも重ねたものだ。これでは雨漏りの心配はない。橋や高層建築の足場もタケだ。

中が中空で水に浮くのだから、タケをフロートにした水上家屋はあちこちにある。水上レストランになっていることもある。乾季と雨季で水位の差が大きくても、浮いているのだから建て替えの必要はない。インドネシアのスラウェシやロンボクにはアウトリガー船が多いが、このフロートもタケだった。

ベトナムにはタケで編んだ舟がある。大きなざるに水漏れ防止のためコールタールやアスファルトを塗ったものだ。この舟をよく漆塗りと紹介していることがあるが、高価な漆をこんなところへは使わない。われわれの常識とは反対に、漕ぎ手は進行方向を向いて座る。力が入らないのではと思ったが、細く曲がりくねった水田の中の水路で使うもの、対向の舟と衝突せず譲り合うにはこの方がいい。ハノイの南、石灰岩洞で有名な観光地ホアルアへ行けば、このざる舟に乗っての洞窟観光ができる。

最大の利用はかご

村へ入ってタケがどのように利用されているか記録したことがある。水を引く樋、ニワトリを入れておく大きなケージ、ハトや九官鳥の鳥かご、はしご、ざる、かご、皿、ひしゃく、水筒、ほうき、笛や竿などの楽器、魚やけものを捕るトラップ、たばこのパイプ、ステッキ、畑のフェンス、田んぼのスズメおどし、おもちゃ、傘、扇、槍や吹き矢、小物入れなど、あらゆるところにタケが使われていた。

タイの市場に直径三〇センチほどの円錐に近いざるが売られている。タイがはじめての人に「これ、何だ」とクイズにしている。実はこれはモチ米を蒸す蒸篭（せいろ）だ。インドネシアの楽器アンクルンやフィリピンのラス・ピニャスの大きなパイプ・オルガンもタケ製だ。フィリピンのバンブーダンスは床上で動かされるタケ棒に挟まれないように踊る。

しかし、東南アジアでのタケの最大の利用はやはりかご（籠）への利用であろう。あらゆる大きさ、かたちのかごがタケで作られ、すべての産物がかごで運ばれている。ブタもニワトリも魚も、野菜もフルーツもである。稲の脱穀にも直径二メートルにもなる巨大なタケ製のざるが使われる。

ベトナム北部ホアビン省の村でのこと、大きなササの葉を束ねていた。一キロが三万ドン（約三〇〇円）、これを日本へ輸出するというのである。笹餅や笹飴に使うチマキザサの葉なら、日本にもいくらでもあるのに、どこに使うのだろうと思っていたら、和食レストランだった。日本のササの葉とは比較にならない大きなササの葉の上に料理がのっている。どこかできっと、みているはずだ。タケから割り箸が作られ、その廃材は竹炭になる。作られた割り箸も竹炭も日本へ輸出される。

ベトナムではお祝い事のとき、かめ（甕）で発酵させ、薬草の入ったお酒をみんなで飲む。節を抜いた細いタケ、それもS字形に曲がったものが人数分だけ用意され、いっせいに吸う。にぎやかなものだ。ホアビン省の山村調査ではこんな歓迎をよく受けた。アルコールにきわめて弱い私も、このときは元気だ。どれだけ飲んだかわからない。私はちょっとしか吸っていないのである。しかし、このあとで恐怖の焼酎やウオッカの乾杯・一気飲みが確実に始まる。

ベトナムやミャンマーでは、荒廃地の緑化・土壌浸食防止に、またタケノコ用、工芸用に山村周辺に竹林を増やしている。タケでの緑化は簡単だ。大きな根付きの株を移植するのではない。節と節のまん中で切った竹筒を土の中に埋めておく、あるいは斜めに挿しておくだけで節から芽がでてくるのである。はじめにでてくるのはササのように細いタケだが、数年で元の大きさのタケノコがでてくる。こんな方法で根と葉がでてくる種類は限られるのであろうが、私も知らなかった方法だ。

ドリアンの話で述べたウォーレス線の発見者アルフレッド・ウォーレスは、その著書『熱帯の自然』の中で、「タケは自然が東洋熱帯の住民に与えた最大の贈り物」だと述べている。私たちが日常使っているざるなどの竹細工、ササの葉（といっても、実際はタケの葉だが）、割り箸、竹炭、これらの多くが東南アジアからの輸入品なのである。

5-4●タケの最大の利用はかごだ（タイ，コンケン）
5-5●地中に埋めたタケ筒からの発芽（ベトナム，ホアビン）

6 漬物茶 ゴールデン・トライアングルの珍味

タイのミアンとミャンマーのレペッソー

タイ・ミャンマー・ラオス三国の国境、いわゆるゴールデン・トライアングルは「黄金の三角地帯」とか「魔の三角地帯」とか呼ばれ、何か魅せられるところがある。実際、ケシの栽培と、それからのアヘン（阿片）の生産で知られるところだ。しかし、行ってみればわかるが、タイ側ではミャンマー国境まで、高原野菜やリュウガン（竜眼）・ライチー（レイシ）などのフルーツの生産地になっていて、深い森はほとんど残っていない。この山岳地に三〇もの山地民と呼ばれる少数民族が住んでいる。それぞれが伝統文化を維持し、固有の衣装をまとっている。これらの村々を訪ねるのは楽しい。

6-1●市場で売られるミアン（タイ，バンコク）

ここに面白いお茶がある。タイ語でミアン、ミャンマー（ビルマ）語でレペッ、あるいはレペッソーと呼ばれるものだ。お茶といっても、お湯を注ぎ飲むものでなく、チャの葉を漬けたもの、漬物茶である。英語でも発酵茶とか噛み茶と呼ばれているが、紅茶は発酵茶、烏龍茶は半発酵茶の一つだから、やはり漬物茶（Pickled tea）というのが一番、実態を表している。このお茶、私自身は見ていないのだが、ラオス北西部と中国・雲南省にもあるという。いずれにしろ、ゴールデン・トライアングルだけにあるというものだ。

タイ北部のチェンマイやチェンライの市場へ行くと、タケでつくった大きなかごの蓋をあけて、あるいはポリ袋に小分けして必ずこのミアンを売っている。バンコクのチャトゥチャック公園のウイークエンド・マーケットにもいつもある。モノレールの北の終点で降りたところである。バンコクにもふるさとの味を懐かしがるミアン・ファンがいるらしい。もちろん、どこでも食品売り場で売っているが、これが何か知らなければ、何を売っているのか見当のつかない代物である。古都、チェンマイへ行ったら、ここの郷土料理カントークを味わうことになろう。チェンマイのディナー・ショウでは、このカントークがメインだ。以前はカントークでも口直しにこのミアンがでてきたが、外国人には不評だったのだろうか、最近はついてこない。ドイ・ステープの登り口でも、ニオイパンダナスの葉に包んだものを売っている。

そのタイより、もっと普通に食べられているのがミャンマーだ。とくに、地方へ行くと、お茶といっしょに必ずこのレペッソーがでてくる。いくつかに仕切られた丸いビルマ漆器に、小粒のピーナッツ、干した小魚、干しエビ、キマメ（ピジョン・ピー）、ゴマ、それにどろどろのレペッソーがのせられてくる。これらを混ぜ合わせて食べるのである。レペッとは混ぜ合わせることだと聞いた。

タイのミアンは広げればチャの葉であることがわかるが、ミャンマーのレッペソーの方はどろどろ状態、チャの葉とはとうてい思えないものだ。タイと同様、市場に行くと、桶やボウルに入れて売っているが、残念ながら、飼葉桶のようで、とてもおいしいものにはみえない。しかし、日常の食べもの、ミャンマーでレペッソーなしの生活は考えられない。レペッソーとピーナッツなどのセットも売っている。一度、味わったらいい。

6-2●ビルマ漆器に盛られたレペッソー（ミャンマー，ピエイ）

森の中のチャ樹

タイ、チェンマイの北、メーテンからメーホンソンへの途中で、このミアン生産のためのチャの栽培地をみつけ、チャの栽培とミアンのつくり方を調べたことがある。チャといっても、樹高三〜五メートル、森林の中にすくっと立っている。教えてもらわなければとてもチャとはわからない。白い肌のまっすぐな樹形から、チャの存在に気づくと、巨木のまわり、樹木と樹木の間に立っているのが、すべてチャだとわかる。チャの栽培には適度の明るさがいるし、チャの葉を蒸すのに薪がいる。薪づくりのため樹木を伐採したあとに、チャの種子を植え込んでいく。森林の中にあることで、適度の陽射しと日陰を受け、チャの品質がよくなり、収穫期間が長くなるという。

このチャの葉は幅一〇センチ、長さ二〇センチを越す大きなもので、一枚だけもらったら、とてもチャだとは答られないものだ。チャは葉が小さく低木で寒さに強くタンニンの少ない中国種といわれるものと、葉が大きく樹高一〇メートルもの高木になり、タンニンの多いアッサム（シャン）種とに分けられるという。ここのものはアッサム種ということであろう。しかし、なじみのあの白い花と三方がふくれた実がついている。日本の茶畑と東南アジアの茶畑の景観には大きなちがいがある。日本の茶畑は低く刈られたチャが大蛇のようにつながり、遠くまで見通せるのに、東南アジアでは茶畑の

6-3●森林の中ですくっと立つチャ（タイ，チェンマイ）
6-4●半分にちょん切られたチャの葉（チェンマイ）

中にポツポツと樹冠にあまり葉のつかないセンダンやモモイロニセアカシアなどの樹木が立っていることである。これを被陰（庇陰）樹という。これら樹木が強い陽射しを適度に和らげてくるのである。

ここゴールデン・トライアングルでは、チャのまわりの樹木が被陰樹だ。調べてみると樹木の本数はヘクタールあたり二〇〇～一二〇〇本、そこに七〇〇～一五六七本のチャが植え込まれていた。樹木の本数の少ないところには巨木が立っていて、森林らしい景観を保っていた。樹木を伐採したあと、あるいは樹木と樹木の間に一つの穴にチャの種子三粒を蒔き、元気な一本だけを残す。古いチャに代えて新しいチャを植えて、チャの葉の収穫が安定するようにと工夫しているのである。

大きなチャがポツポツと立っているのだから、ここには茶摘み娘が並ぶ茶摘み風景はみられない。茶摘みは男の仕事だ。肩に竹かごをかけて男がやってくる。ロープを引っ掛けたり、片足をかけて登ったりして、チャの新しい葉を、それも半分だけを指先につけた手製の刃物でちぎる。どの葉も半分だけが残され、いたましい気がした。どうして半分だけ残すのか不思議だった。理由を聞くと「全部とったら、息ができなくなるだろう」といわれた。

茶摘みは村人が交代でする。葉を摘むとき、半分は必ず残すと決めておけば、誰が摘んでも、そのチャがつくった新しい葉の半分は残ることになる。一定の葉を残し、次の葉がよくでるように活力を保つためのものだと解釈した。ここでのチャの葉の摘み方に感心したのだが、ラオス国境に近いナーンの市場で葉柄までついたミアンをみつけた。全部とってしまうところもあるらしい。

6-5●ウシの糞を塗られたタケかごに詰められ発酵を待つミアン（チェンマイ）

タケで編んだ高さ七〇センチほどの大きなかごにバナナの葉を敷き、バナナの葉が倒れないようにたが（箍）を少しずつ上にずらしながら、せいろ（蒸篭）で蒸したチャの葉の塊を詰めていく。時々、はだしのまま、チャの葉を踏みつける。上まで詰まるとていねいに蓋をした。発酵のための酵母などを入れている気配はなかった。

タケかごの目は粗い。乾燥を防ぐため、その上に粘土のようなものを塗って目を塞いであった。実はこれが粘土でなく、ウシの糞だった。冗談に、ミアンのえもいわれぬ風味ははだしの足についていた水虫菌での発酵と、竹かごに塗ったウシの糞のエッセンスによるものだといっている。しかし、どんな発酵プロセスがあるのだろう。

ミアンもレペッソーもチャの葉を発酵させたもの、漬物茶だといったように、その味は「すっぱい」

ということだが、顔をしかめるすっぱさではない。実際、ミアンにもレペッソーにもいくつかちがった加工法があるようだし、各自の作り方もちがう。売りにだすタイミングでも味はちがうようだ。ミャンマーではすでに述べたように、お茶請けに、キマメ・干した小魚などと混ぜて食べることが普通だが、タイではミアンに岩塩やショウガを混ぜ、おかずとして、あるいは酒の肴にするようだ。

森林減少の著しいタイ北部の山岳地で天然林を維持しながら、その中でチャを栽培し、それを加工しての漬物茶ミアンの生産は、森林と地域経済、そして伝統食文化を守るいい事例だとほめたくなった。しかし、それもミアン・ファンがいての、そして安定した需要があってのことになる。このミアンやレペッソーも、熱帯林からの産物ということになる。

7 漆と漆器 各地にある伝統漆器

藍胎漆器

英語で陶磁器はチャイナ、漆器はジャパンだと習ったことがあるが、それほど使われる言葉でもないらしい。それはそれとして、陶磁器は世界中どこにもあるが、漆・漆器はブータン、中国、ミャンマー、タイ、ベトナム、そして朝鮮から日本という極東アジア南部のものだ。

七千年前の中国、長江河口の河母渡遺跡から赤い漆椀がでているし、日本でも六五〇〇年前の縄文前期の福井県鳥浜遺跡から漆塗りの櫛が出土している。正倉院御物には漆胡瓶というシルクロード伝来の漆器が、法隆寺には漆塗りの玉虫厨子がある。建物の壁や柱、棺桶への塗布、経典箱・文書箱など工芸品、さらにはお椀・お箸など日常品としても漆が古くから使われたことは確かだ。

東南アジアへの旅行では、それもタイならチェンマイ、ミャンマーならバガンやマンダレー、そしてベトナムのハノイでは、おみやげにと漆器店に連れて行かれる。国ごとで、あるいは店ごとで漆器のかたち・デザインがちがい、ひやかしのつもりが、つい欲しくなって買ってしまう。

ヤンゴンのシュエダゴン・パゴダは金色に輝く主仏舎利塔を中心に六〇とも一〇〇ともいわれる大小のパゴダがこれを取り囲む。罰当たりに金色のペンキを塗っているのではと疑ったことがあるが、これは金箔を漆で貼っているのだという。雨のあたるところ、にかわ（膠）などほかの糊では溶けてはがれてしまうらしい。

漆塗りのことはよく知らないのだが、何度も塗り厚くした漆層に彫刻したものを堆朱、漆塗りに線彫りしそこに色漆を埋め研ぎだすキンマ、貝殻をはめ込む螺鈿、金を埋め込む沈金などがある。日本の漆器と東南アジアの漆器には、一つ大きなちがいがある。日本の漆器はお椀やお盆、あるいは重箱など単純なかたちが多いのに、タイやミャンマーのものは花瓶・宝石箱、あるいは鳥獣のかたちをした置物など、かなり複雑なかたちをしたものがあることだ。

これはタケを薄く裂き、これを編んでかたちをつくり、その上に細かい粘土を塗り込み、その上に漆を塗ったものだ。これを藍胎漆器という。中はタケを編んだものだから、軽く、薄い。どんなかたちでも作れるということだ。

郵便はがき

料金受取人払

左京局
承認

5108

（差出有効期限
平成20年
9月30日まで）

6 0 6 - 8 7 9 0

（受取人）

京都市左京区吉田河原町15-9　京大会館内

京都大学学術出版会

読者カード係 行

▶ご購入申込書

書　　名	定　価	冊　数
		冊
		冊

1．下記書店での受け取りを希望する。

　　都道　　　　　市区　店
　　府県　　　　　町　　名

2．直接裏面住所へ届けて下さい。

お支払い方法：郵便振替／代引　　公費書類（　　　）通　宛名：

送料　税込ご注文合計額3千円未満：200円／3千円以上6千円未満：300円／6千円以上1万円未満：400円／1万円以上：無料
代引の場合は金額にかかわらず一律200円

京都大学学術出版会

TEL 075-761-6182　学内内線2589 / FAX 075-761-6190または7193

URL http://www.kyoto-up.or.jp/　E-MAIL sales@kyoto-up.or.jp

お手数ですがお買い上げいただいた本のタイトルをお書き下さい。

（書名）

■本書についてのご感想・ご質問、その他ご意見など、ご自由にお書き下さい。

■お名前

（　　歳）

■ご住所

〒

TEL

■ご職業

■ご勤務先・学校名

■所属学会・研究団体

■E-MAIL

●ご購入の動機

A.店頭で現物をみて　B.新聞・雑誌広告（雑誌名　　　　　）

C.メルマガ・ML（　　　　　）

D.小会図書目録　E.小会からの新刊案内（DM）

F.書評（　　　　　）

G.人にすすめられた　H.テキスト　I.その他

●日常的に参考にされている専門書（含 欧文書）の情報媒体は何ですか。

●ご購入書店名

都道府県　　市区町　　店名

※ご購読ありがとうございます。このカードは小会の図書およびブックフェア等催事ご案内のお届けのほか、広告・編集上の資料とさせていただきます。お手数ですがご記入の上、切手を貼らずにご投函下さい。

各種案内の受け取りを希望されない方は右に○印をおつけ下さい。　案内不要

7-1●藍胎漆器（中はタケを編んでいる）（タイ，チェンマイ）

ところで、このタイやミャンマーのウルシは日本のウルシ（*Rhus verniciflua*）とは別種である。タイ語でラック・ヤイ、ビルマ語でティシィと呼ばれるウルシ科のビルマウルシ（*Melanorhoea usitata* = *Gluta usitata*）から得られるものだ。同じウルシ科だが、インドからインドシナ半島に分布する落葉性の樹木で、直径七〇センチ、高さ二五メートルもの巨木になる。葉は単葉でマンゴーの葉に似ている。日本のウルシと同様、ひどくかぶれるが、成分はちがうといわれる。ベトナムや中国南部の漆は日本と同じハゼノキ（*R. succedanea*）から得られる。

樹幹のハート形の傷

タイ北部、ミャンマーとの国境、有名なゴールデン・トライアングルがタイ漆・ビルマ漆の産地だ。ビルマウルシがある森林とはどんな構造なのか、どうやって漆をとるのか調べに行ったことがある。ビルマウルシは標高五〇〇メートル以上の高地で、メルクシマツ（*Pinus merkusii*）に混っていることが多い。ウルシの本数は一ヘクタールあたり一〇〇〜一六〇本程度であった。マツ林の中にあるのだから、ビルマウルシの存在はすぐにわかるようになった。

漆の採取、いわゆる漆掻きはどうやるのだろうと探すが、ビルマウルシはたくさんあるのに、傷が

7-2●ビルマウルシ（タイ，メーサリアン）

ついていない。日本の漆掻きは水平に、あるいはやや斜めに溝状の傷をつける。これは岩手県浄法寺村まででかけてみていた。こんな傷がついていれば、見落とすはずがない。ここでは漆掻きはしていないのかと思っているとき、樹皮に縦に三〇センチくらいの傷がつけられ、黒い漆液が滲み出し、傷の下に細く短い竹筒が打ち込んであるのを発見した。縦につけられた傷から流れだした漆液を、この筒で受けるという仕掛けである。チェンマイの西、ノンクラティンのカレン族の漆掻きの方法であった。

タケ竿の先に刃物をつけそれで傷をつけるのだが、かなりの大木でもその傷はたった一列に二、三本が少し間隔をおいて並ぶだけであった。たくさん傷をつければたくさんとれるのにと思ったが、これは少しであっても毎年、漆が採れるようにとの工夫だったようだ。

ところが、チェンマイの北、チェンダオでは、この縦の傷がなく、幹にハートのマークが彫りつけてあった。これもはじめは誰かのいたずらかと思ったのだが、大木にタケ製の一本はしごがとりつけられ、このマークが幹のかなり上の方までついていることで漆掻きだとわかった。同様にハートのマークの下に短い竹筒が打ち込まれている。こちらの方は太く短い竹筒だ。竹筒の中に黒い漆がたまっている。これがタイヤイ（シャン）族の漆掻きの方法だった。

大きな木では一本の木に三〇～四〇もの傷がついているが、もちろん、古い漆掻きの傷が残っているのである。はじめ一辺が一五センチくらいの下向きの正三角形に削るのだが、漆液を採ったとき、

7-3●タイの漆掻き（左：カレン，右：タイヤイ）

まわりの樹皮を少し削るので、次第にハート形になるというわけだ。

　漆液は年に二回ほど採る、それも三週間ほど続け、しばらく休む。傷をつけたあと、ほぼ一週間で竹筒にいっぱいになるという。タイのビルマウルシの生産林を調べたのはまだ私たちだけだろうが、漆にはきわめて弱い私、今日はかぶれたか、明日はかぶれるのではと戦々恐々の毎日だった。まったくかぶれない学生が、腕にたっぷり漆液を塗るのにも恐れをなした。

ウマのしっぽの毛で編んだ馬毛胎漆器

チェンマイの漆器に、漆液を塗り、その上に卵の殻のかけら、それも白いものと色つきのものをおき、それを少しずつ砕きながら広げていくというのがある。これも日本にはない漆器だろう。

ミャンマーでもっとおもしろい漆器をみつけた。タケで器の形をつくり、それに馬のしっぽの毛をていねいに巻きつけ、それに漆を塗ったものだ。馬毛胎漆器というらしいが、この器、押すとぺこぺことへこむのである。日本の漆器なら、こんなことをすれば、ひび割れてしまうはずだ。ミャンマーの漆器店にはきっとおいてある。

ゴールデン・トライアングルのビルマウルシのある森林はリュウガン（竜眼）やライチー（レイシ）などの果樹園、あるいは高原野菜生産地に転換され、森林そのものが急速に減少している。おまけに、タイ政府の天然林の伐採禁止令により漆採取自体も違法とされ、タイの漆生産量は急速に減少した。その分、ミャンマーから国境を越えて漆が輸入されたのだが、漆液の中にフタバガキ科樹木の樹脂などを混ぜた粗悪品が入り、市場を混乱させ、価格も高騰しているという。

7-4●はしごで高いところまで傷をつける（タイ，チェンダオ）

7-5●馬毛胎漆器（ミャンマー，バガン）

チェンマイやマンダレーの漆器生産を守り、さらに発展させるためにも、良質の漆を、それも安定して供給する必要がある。それにはビルマウルシの混じる天然林を維持し、漆液のでない老齢木は伐採利用し、稚樹を育て、漆液を持続的に生産しないといけない。

なお、日本での漆の消費量はここ一〇年、年間三〇〇～三五〇トンであるが、国内生産量はわずか五トン、消費量の一・五パーセントにしかすぎない。そのほとんどは中国からの輸入であるが、ベトナムから一〇～一五トン、タイからも五トン程度が輸入されている。

8 ラタン　地上最長の植物と高級家具

陸上でもっとも長い植物

ラタンはトウ（*Calamus*）属、キリンケツ（*Daemonorops*）属のつる性のヤシの仲間で、一部はオーストラリア北部、アフリカ、南アメリカにも分布するが、東南アジアにもっとも多く、六〇〇種にも及ぶとされ、東南アジアの熱帯林を特徴づけるものとなっている。中でも、その八〜九割がインドネシア、それもボルネオの南側、カリマンタンで生産されている。

直径は細いもので三ミリ、太いものでは何と一〇センチを越える。長さも多くは二〇メートル程度だが、最長のものは三〇〇メートルにもなり、陸上でもっとも長い植物だともいわれる。いずれも大きな葉の先に棘のついた長い鞭をもち、つるのまわりにも輪状にたくさんの棘をつけていて、これで他の樹木にからみつきながら、樹冠に登っていく。タイの有名な国立公園カオヤイではラタンの茂みの中にトレイル（観察路）がある。ラタンの棘に引っかからないように歩かないといけないが、触ってみたい人にはここがお奨めだ。

短く切ったものはタケに似ているが、タケとちがい中まで詰っている。もう一つのちがいは、タケは先に向かって次第に細くなるのに、ラタンは少しでこぼこするものの、根元から先端まで太さがかわらないことだ。軽くて曲げ易く、加工しやすいこと、表面の艶やかな肌、耐久性のあることで、タケと同様、日常生活の中で、ざる、かご、バッグ、ステッキ、トラップ（わな）など、さまざまなものに利用されている。裂いて編んでいることも多い。

中には先端部や果実が食べられるものもある。フィリピンではリトウコと呼ばれ、ルソン島の高原都市バギオの市場に生のものや瓶詰めがたくさん売られていた。果実は小さなマツカサにも似た球形である。しかし、味はすっぱいだけだ。

マレーシア領ボルネオのサバ・サラワク、あるいはインドネシア領のカリマンタンへ行って、アンジャと呼ばれる先住民ダヤク（イバン）のつくったラタン製の肩掛けかごを買ってくる人も多い。独特の黒い模様はラタンをイメージしたものだという。京都・四条の雑踏の中でこのかごを肩に掛けているのをみた。ブランドもののバッグの中で、このかごが一段と冴えていた。

8-1●ラタン（インドネシア，西カリマンタン，ポンティアナック）

東南アジアの伝統的なスポーツで、アジア大会の競技種目の一つにもなっているセパッ・タクロー（タクロー）のボールはラタンでできている。夕方になると、どこの広場でも脚と頭でラタンのボールを蹴っている。直径一〇センチほどだが、硬いものだ。脚で思いっきり蹴ったボールが、直撃すれば大怪我をするほどだ。市場にもこのボールがたくさんぶら下がっているが、手製だけに、大きさ、編み方がちがう。競技用には規格があるのだろう。

マンゴーは柔らかく、熟して落ちるとつぶれてしまう。高いところにつくマンゴーを落さずに収穫するかごもラタン製だ。しかし、市場でこれをみつけても何に使うものか見当のつかない代物だろう。

ラタン製家具

タケとラタンのもっとも大きなちがいは、ラタンが家具に加工されることであろう。椅子の場合、インドネシア語でロタン・マナン（*Calamus manan*）と呼ぶ大きなもの、ロタン・セガ（*C. caesius*）と呼ぶ中サイズのもの、そして細いロタンプルット・プティ（*C. pinicillatus*）を組み合わせてつくる。ロタン・マナンをフレーム（枠）とし、それに中サイズ・小サイ

ズのラタンを絡ませ、編んでいる。インドネシア語・マレー語のロタンが英語のラタンになったのである。

インドネシア、東カリマンタンのマハカム河の河口の町サマリンダには、マハカム河上流からたくさんのラタンが運ばれてくる。運ばれてきたラタンは棘ははずされているが、黒っぽく汚いものだ。この表面をこすったり、細い穴に通したりして、表面のワックスをとる。さらに、これらをビニールシートで覆い、その中で硫黄を燃やして漂白する。これであの白いきれいな艶がでる。

ラタンの最大の産出国インドネシアではラタンの原材料・半製品での輸出は禁止し、製品しか輸出を認めていない。加工することでの雇用創生を目的としているのである。サマリンダにはたくさんのラタンの加工場がある。どの作業場も規模は小さく照明も暗いが、裸電球の下で器用に家具を作り上げていく。これに塗料を塗り完成させると、一気に高級ラタン家具に変身する。どれも欲しくなる一品だ。

わが国でも人気のラタン製のカウチソファー、チェスト、ランドリーボックス、バスケット、ベビーキャリー、脱衣場のフロアーマットなど、そのほとんどがインドネシア製ということになる。新聞のちらしに入ってくる家具店のラタン製品の広告の値段、いずれも高いものだ。

身近だったラタンは籐むしろであろう。細いラタンを編んだもの、あるいは太いラタンを細く割り編んで敷きものにしたものだが、ひんやりして汗でべとつかなかった。これもプラスチック製品に急

8-3● 市場で売られるラタンの実（リトウコ）（フィリピン，ルソン，バギオ）

速に置き換わっている。唯一、温泉や銭湯の脱衣場のフロアーマットには、まだラタン製ががんばっている。

ラタンとまちがわれているものがある。タイでリーパオ、インドネシアでアタッ、カタックなどと呼ばれているシダの仲間、カニクサである。タイのものは主としてハンドバックや宝石箱、インドネシアのものは小物入れが多いが、この蓋にはカエルの木彫りがはめ込まれている。

先進国のラタンの大きな需要に対応して、価格は高騰している。いきおい、ラタンを求め奥地へ奥地へと探しに行くことになる。しかし、熱帯林は次第に伐採され、ラタンが収穫できるところも少なくなった。ラタンの中でも、一本の幹で立つものは根元で切断すると枯れてしまうが、株状にでるものは数本を残しその他のものを根元で切断しても萌芽がでて再生するという。上手に管理すれば、数年後にはまた収穫できるのだが、高価に売れるものだけに、根こそぎとっていくし、伐採で森林自体がなくなっている。

8-4●運ばれてきたラタン（ロタン・セガール）（インドネシア，サマリンダ）

8-5●リーパオ（カニクサ）のバッグ（タイ，バンコク）

この品薄と、大きな需要に対応して、どこでもラタンの栽培を始めている。ラタンの種子の発芽はよく、苗木づくりは案外簡単らしい。パラゴム、ユーカリ、アカシア類を植栽した列間に、このラタンを植え込んだりしている。適度の日陰と絡みつく樹木がいるのである。すでに人工植栽でのラタンが収穫・出荷されており、全生産量の一割にも達しているという。しかし、植栽し易い種類のラタンだけに限られているようだ。

東南アジアの特産、ラタンは有用な資源だ。タケでできないものがラタンで、ラタンでできないものがタケでつくられる。

9 カジノキ 和紙の原料は東南アジアから

日本文化を支える和紙

仏典は貝多羅経と呼ばれていたように、貝葉、貝多羅（ばいたら）と呼ばれるヤシ類の未展開の葉に経文を書いていた。これにはオオギヤシ（パルミラヤシ）(*Borassus flabellifer*) やタリポットヤシ (*Corypha umbraculifera*) など何種かが使われたらしい。日本のタラヨウ（多羅葉）(*Ilex latifolia*) はモチノキ科の常緑の高木で、分布は本州中部以南だが、社寺に植えられていることもある。葉にクギなどで字を書くと、そこだけ色が変わる。しかし、とても経文がかけるものではない。和紙が考案されてからは、仏典ももっぱら和紙に書かれている。

9-1●カジノキ（タイ，カンチャナブリ）

土佐・越前・因州・美濃・丹波黒谷和紙など、日本各地に有名な和紙の産地がある。和紙は文字通り日本の特産と思っている人が多いが、中国・韓国、そして東南アジア大陸部でもつくっている。和紙のつくり方自体が、わが国には高麗の僧により伝えられたという。後で述べるように、実は、その和紙も今では東南アジア紙といった方が適当かも知れないのである。それはともかく、残っている古文書は和紙だし、障子紙・襖紙、懐紙・鼻紙、習字の半紙、さらには千代紙・折り紙など、和紙はやはり日本文化を支えるものであろう。

和紙の原料はミツマタ（三椏）、コウゾ（楮）、ヒメコウゾ、カジノキ（梶）、ガンピ（雁皮）などだが、使用される原料としては量的にはカジノキがもっとも多い。コウゾはカジノキとヒメコウゾとの交雑種という。ミツマタは紙幣（日本銀行券）として国内で安定自給できる体制がつくられているようだが、その他のもの、すなわち、カジノキもガンピもその原材料の一部は東南アジアから輸入している。

カジノキ（*Broussonetia papyrifera*）は日本から東南アジア大陸部、南太平洋まで広く分布するクワ科の樹木だが、これは製紙原料として古くから各地に移殖・導入され、それが野生化したものとされている。英名はペーパー・マルベリー、すなわち「紙ができる桑」だ。コウゾが雌雄同株であるのに、カジノキは雌雄異株である。ハワイや南太平洋諸島などでは、このカジノキの樹皮をたたいて薄く伸ばすだけのタパという不織布がつくられる。インドネシアにもこのタパのハンドバックがある。

日本にも徳島県木頭村などに太布（太布織）と呼ばれるものがあり、タパと関係するとも考えられ

9-2●カジノキが巨木になる（カンチャナブリ）

ているが、これはカジノキの樹皮の繊維を細いこより、あるいは糸状にして編んだものだ。和紙づくりではこれら繊維植物の繊維を叩いてほぐし、トロロアオイやノリウツギの液に浸し、薄く漉く。現在では手漉きより、機械漉きの方が多いという。

タイやベトナムでは国道横にもカジノキが普通にはえている。ところが、日本のカジノキが樹高せいぜい数メートルなのに、東南アジアではびっくりするほどの高木になる。私がみた最大のものはタイのカンチャナブリにあったものだ。ジャックフルーツ（パラミツ）とココヤシにはさまれ、肩を並べて立ち直径四〇センチ以上、高さ二〇メートルはあった。とてもカジノキとは思えないものだった。ベトナムのハノイ市内ではこのカジノキが街路樹として植えられ、堂々と立って日陰をつくってくれている。

和傘・番傘

タイ北部、チェンマイ近郊の傘の町ボーサンへ行くと、きれいな絵が描かれたいわゆる和傘や番傘がたくさん売られている。和傘・番傘も日本だけのものでないことがわかる。傘に張られた紙はタイでポーサ、あるいはポークラサとよばれるカジノキの樹皮を剥ぎ、繊維をほぐし、漉いたものである。

9-3●チェンマイの和傘（番傘）

まったくの和紙である。しかし、番傘に塗っているのは、柿渋でなく、ヤーンナー（*Dipterocarpus alatus*）と呼ばれるフタバガキ科樹木からとれる樹脂（レジン）であった。

カジノキの樹皮の繊維から紙を漉いている村はタイ北部のランパン、チェンライ、ナーンなどにたくさんある。中でも、ラオス国境に近いナーンに最も多いかも知れない。障子紙のようなまっ白いものと、これにブーゲンビレア（イカダカズラ）やコスモスなどを漉きこんだ装飾紙をつくっている。ほぐした繊維一握り、約三〇〇グラムで一枚（五〇センチ×八〇センチ）の紙がつくれるという。できあがった和紙を透かしてみると、厚いところ薄いところがあった。漉き方は少し粗いようであった。

東南アジアに頼る和紙原料

ごくわずかな差を「紙一重」というように、和紙は薄くできる。土佐和紙の代表的な典具帖紙といわれるものでは一平方メートルあたり一〇グラム、厚さはなんと〇・〇三ミリだという。こんな技術はとても外国にはまねできないらしい。とはいえ、現在ではポリエステル繊維紙などでは、もっと薄いものができている。

それはともかく、このタイ北部でつくられた和紙が大量に輸入され、主として造花材料、壁紙、写

9-4●すのこの上で干される和紙（タイ，ナーン）

真のフレーム、茶器の包みなどに使われている。さらに、できあがった和紙だけでなく、カジノキの樹皮自体が輸入されている。タイ北部、メコン河畔のルーイのカジノキ樹皮仲買人のところに寄ったことがあるが、ここに大量のカジノキの樹皮があった。タイ北部、さらにはラオスから買い付けた乾燥したカジノキの樹皮をきつくプレスし、日本へ送るのだといっていた。

日本の和紙の産地では原料のコウゾやカジノキが足らず、また国内産は高いので、一部ではこれら東南アジアからの輸入品を使って紙を漉いている。カジノキはタイ、ラオスから、ガンピはフィリピンから輸入しているらしい。

カジノキの生長は早い。切り株から萌芽がでてきて、六ヵ月で直径二～三センチ、高さ二メートルにもなり、一番品質のいいものが収穫できる。カジノキはどこにもあるといったものの、品薄になるし、品質が落ちるといった問題が起きる。このためカジノキの優良品種を選抜し、その苗木を植えたり、日本産のコウゾを植えたりして、原料供給の安定と品質の維持を図っている。日本への供給を意識してのことである。一方で、技術指導をし、和紙の品質の向上をも図っている。

日本の和紙の有名産地の多くが、その原料として東南アジアからのカジノキやガンピを使っているのである。和紙の製法が朝鮮から、その材料のミツマタ・カジノキも古く製紙のために導入されたものであることからもわかるように、和紙は日本特産ではない。日常使っている和紙、その多くが今では東南アジアからの輸入品なのである。

障子が消え、習字の半紙も消え、一方で人造（化繊）紙に追いたてられてきた和紙だが、現在では和紙の利点が見直されている。壁紙を和紙に換えてハウスシックの原因であるホルムアルデヒドなどの有毒物質を吸着させる、女性用のナプキンや紙おむつ、ドライフラワーやちぎり絵の材料、奉書焼きや電子レンジでのクッキング・ペーパーなど、和紙の新しい用途が広がっているらしい。

和紙が日本特産だという誤解は解いてもらい、東南アジアの森の産物だということを理解していただきたい。

9-5●カジノキ樹皮がプレスされ輸出される（タイ，ルーイ）

10 沈香と白檀 香木へのあこがれ

熱帯林の高価な産物

熱帯林での一番価値ある産物は何かご存知だろうか。それはまちがいなく沈香と中華料理の食材ツバメ（アナツバメ）の巣だろう。お香・線香の香りのもと、沈香（沈水香）（ジンコウ・チンコウ）はジンチョウゲ科のジンコウ（*Aquilaria*）属の樹木から得られる。この仲間はインドからイリアンジャヤまで、たくさんの種類が分布する。ジンチョウゲ（沈丁花）の仲間といっても、日本のジンチョウゲのような低木ではない。タイにあるシャムジンコウ（*A. crassana*）などは、直径六〇センチ、高さ三〇メートルもの大木になる。

沈香は東南アジアからの森林産物として、古くから高価に取引されてきた。奈良、正倉院にも蘭奢待（らんじゃたい）・全桟香（ぜんせんこう）と名づけられた長さ一メートル、重さ一七キログラムの沈香が保存されている。正式名は黄熟香というらしいが、これには足利義政、織田信長と明治天皇が一部を切取った痕が残っているとされる。実際には三八ヵ所も切り取った跡が残っているそうだから、いろんな人が少しずつ切っていたらしい。家康自身は切り取らなかったが、当時のベトナム、カンボジア、シャムの国王に沈香を所望した記録が残っているそうだ。香木へのあこがれは大きかったようである。

お香のもう一つの材料の白檀（ビャクダン）（*Santalum album*）はビャクダン科の常緑の中高木で、最近インドネシアから独立した東チモールの原産とされるが、ビャクダン（*Santalum*）属の樹木はチリ沖のフェルナンデス島からハワイまで広く南太平洋に一七種が分布する。日本にも小笠原にムニンビャクダン（*S. boninense*）というのが自生している。しかし、これが香りをもつかどうかは知らない。

白檀の仏像や扇子など、インドの白檀が有名である。その主産地はインドのデカン高原の南、カルナタカ州・マイソール州であるが、これは自生でなく古くから植栽されたものだとされている。南インドのバンガロールやマイソールへ行ったことがあるが、おみやげ街全体が白檀臭くて、気持ちが悪くなるほどだった。

ジンコウの葉は長さ一〇センチくらいの長楕円形で、これといった特徴がない。葉っぱ一枚では私にもその判断に自信がないが、ジンチョウゲと同様、枝がぽきっと折れないことが判断材料だ。樹皮の繊維が強靭で、これでひも・ロープを作り、紙をつくることもできる。インドネシアでは沈香のことをガハルと呼んでいるが、これにはジンコウ属以外のゴニスティルス（*Gonystylus*）属やギリノプス（*Gyrinops*）属のものなども含んでいる。ジンコウの葉は長さ一〇センチくらいの長楕円形で、これといった特徴がない。

傷害を受けてできる芳香成分

沈香と白檀に大きなちがいがある。「梅檀（せんだん）は双葉より芳し」ということわざの梅檀とはビャクダンのことだといわれるように、ビャクダンは小さいときから心材そのものが芳香をもつ。ところが、ジンコウの大木を切倒し、それを燃やしてもまったく匂わない。何らかの傷を受けたとき、そこからの腐朽を防ぐために分泌される物質（樹脂）が傷害部に集積する。その物質が集積したところだけが芳香をだすのである。それも燃やしてはじめて薫る。大木でも傷害を受けず沈香成分が集積していなければ、何の価値もないということになる。

10-1●ジンコウの葉（インドネシア，スマトラ，クルイ）

傷害の原因としては、サイチョウ（犀鳥）やキツツキなど鳥類の営巣、カミキリムシなど穿孔虫の侵入、風や雷での枝の折れや幹の割れなどいろいろあるらしいが、芳香成分が集積した部位は枯れた後も腐らずに残り、それが地表や地中からみつけだされることがある。ジンコウの材を地中に埋め腐らせてつくると解説したものがあるが、これではただ腐るだけ、樹脂が集積していないと沈香はできないようだ。樹脂が集積したところの比重は大きくなるので、沈香の良し悪しは水に漬けて判断するという。「沈香」の語源である。水に沈むものが高価だというのだが、香りは好みだろうとも思う。

ボルネオ島、東カリマンタンのマハカム河の奥地で沈香を買わないかと木片みせられたことがある。買い物だったのかも知れないが、いいものか悪いものかの判断ができなかったので買わなかった。みせられた沈香はどこにでもころがっている腐りかけの木片にみえた。このあと、森の中を歩いていて、地表にころがる朽木が沈香でないかと暗示にかかり、いくつかライターで火をつけてみたが、もちろん、何のにおいもしなかった。沈香かどうかの判断は、やはりプロでないとできないようだ。

一塊三〇〇万円

沈香は中国・日本、そして中近東で薫香材として大きな需要があり、高価に取引されている。金と

10-2●シャムジンコウの大木（タイ，カオヤイ）

同じ価値をもつという。マレーシア、クアラルンプルでアラビア商人の沈香店を訪ねたことがあるが、最高級品だという小さな一塊りが三〇〇万円だといっていた。日本から直接買いに来るのだそうである。

沈香のいいものをみつければ一挙に大金が得られるが、地表に残っている沈香を探すのは簡単ではない。いきおい、ジンコウの大木をみつけると、沈香の存在を期待して伐り倒してしまう。それでもわずかしかとれないし、まったくないこともある。一工夫して、ジンコウの大木へ斧で大きな穴をあけ、数年後にこれを切倒すことになる。確実に沈香成分が集積しているが、それでもわずかだ。

タイ、カオヤイ国立公園で、村人がシャムジンコウに違法にあけた穴をみたことがあるが、こんな大木を切倒しても芳香樹脂を含んだ材はせいぜい二キログラムだと聞き、何ともったいないことをと思ったことがある。ジンコウの分布する地域では、どこでもこんな状態だ。そのためにジンコウ自体が急速に少なくなり、沈香が品薄になり、価格がより高騰している。

人工生産の試み

それだけに、沈香を人工的に作りだそうと考えるのは当然だ。天然のジンコウの大木に違法に穴をあけているという例を述べたが、原理は同じで、植栽したジンコウにチェンソーやドリルで穴をあけ、そこに培養した腐朽菌を詰めるのである。インドネシア、ロンボク島ではここのマタラム大学農学部によって村落周辺のギリノプス(*Gyrinops*)属の樹木にフザリウム菌を接種し、二年後に伐採するという実験が実用段階に達し、すでに大規模な沈香生産用の人工林さえ仕立てていた。チエンソーやドリルで傷つけられた痕はちょっといたいたしいが、このことで村落経済が潤い、さらに森林を維持・拡大することにもなる。インドネシアのスマトラやベトナム中部の山岳地でも、同様な試みがすでにあるようだ。

一方のビャクダンは材そのものがにおうのだから、この方はうまく育てればそれで価値をもつ。と

10-3●沈香生産のためにつけられた傷（インドネシア，ロンボク）

いっても、材質で価格に大きな差がある。問題はこのビャクダン、小さいときは他の樹木から栄養をもらう半寄生植物だということだ。乳母の役目をする他の樹木を一緒に植える、あるいは樹木の生えているところに植える必要がある。また、どちらかといえば乾燥地を好む樹木なので、一年中、雨の降る地域での生育はよくない。インドでの植栽は成功しているが、インドネシアでも乾季の長いジャワ東部に植栽されている。最近、オーストラリア西部やタイ・ミャンマーの乾燥地でも植栽が試みられているようだ。

芳香成分は単独のものでなく、樹種によって、また一本ごと、さらにその部位ごとでその割合が大きくちがうという。「沈香も焚かねば屁もひらぬ」ということわざがあるが、沈香にもピンからキリまであるということだ。沈香の最高級品は伽羅・奇楠香といったりしている。それもカンボジア産あるいはベトナム産がいいといわれる。人の好みはちがう、香りも好き好きだと思ったのだが、値段には格段の差がある。沈香は薫香（焚香）以外に、芳香成分を蒸留抽出し、沈香油として六神丸・奇応丸といった薬にも配合されている。

一方、白檀は主として仏像など彫刻、扇子などに加工されるが、最高級品では一トンあたり、一二〇万円もするという。これも沈香同様、薫香・線香にも加工し、芳香成分・白檀油を抽出し、香水・薬用に利用する。

沈香も白檀も、熱帯林からの高価な産物だ。

10-4●村のまわりのどのジンコウにも傷がつけられている（ロンボク）

11 魚もエビも林産物？ マングローブからの産物

海の中の森

多くの植物にとって塩分は毒だ。海の中では海草や海藻は育つものの、海岸でも好塩性植物といわれるアッケシソウやシチメンソウなどわずかのものしか育たない。ところが熱帯・亜熱帯の主として河口・干潟・入り江付近の海岸には、海の中に樹木が生えている。「海の森」と呼ばれるマングローブである。地域ごとの気象・水温、海流、潮位、地形、土壌、塩分濃度などのちがいで構成樹種が異なるが、世界で約八〇種がマングローブ樹種とされている。海の中に東南アジアでも高さ三〇メートル、南アメリカでは五〇メートルにもなる森林ができるのである。

11-1●干潮時でも海にある（タイ，サムイ島）

潮位は毎日変動する。マングローブ樹種でも干潮時でも海の中にあるもの、満潮になると根元が海水につかるもの、大潮の時だけつかるものなどがあり、それが海岸線に平行に並ぶ。一番海側にマヤプシキやヒルギダマシ、干潮時には干上がるところにヤエヤマヒルギ、ヒルギ、オヒルギなど、そしてもっとも陸側にサキシマスオウノキ、ホウガンヒルギなどが分布する。

有害な塩分に対しても、塩分を濾して水分だけ吸収する、あるいは塩分を吸ったあと葉の塩類腺から塩分を排出するなど樹種によって異なる工夫がある。ツノヤブコウジ（*Aegiceras cornicrelatum* ヤブコウジ科）などでは葉の上にキラキラと塩の結晶が光っている。葉をなめてみると、まちがいなく塩だった。

柔らかい泥の上に立っているが、泥の中はきわめて通気性が悪く、無酸素状態である。空中から酸素を取り込むために、同時に潮に流されないために、テントを支えるロープのように四方へ伸びる支柱根、膝を折り曲げたような膝根、タケノコのように直立した筍根、あるいは陸上の巨木と同様な板根など、マングローブ特有の根系（気根）を発達させる。フタバナヒルギやヤエヤマヒルギは支柱根、オヒルギやメヒルギは膝根、マヤプシキやヒルギダマシは筍根、サキシマスオウノキは板根である。もっとも北まで分布するのがメヒルギ（*Kandelia rheedii*）である。屋久島・栗生や鹿児島・喜入にあるものだ。

ヒルギに代表されるように成熟した種子（胎生種子）をもつのも、マングローブ樹種の特徴である。栄養を貯めた大きな種子は泥の中に定着すれば、すぐに葉と根を同時に展開できる。マングローブは

11-2●背の高いオオバヒルギ（タイ，トラート）

天然の防波堤でもあり、海岸線や河岸を波や流れによる侵食から守ってくれている。

海の森の多様な産物の利用

沖縄・西表島の仲間川や浦内川、沖縄本島の慶佐次川、奄美大島の住用川、そして屋久島の栗生川など日本のマングローブは大切に保護され、エコツーリズムの対象地になっているが、熱帯ではマングローブは人々の生活の場でもある。

この海の森から食料、燃料、建築材、飼料、薬など多様な産物が得られる。マングローブには魚、エビ、カニ、貝がいる。クラゲ、ナマコ、カブトガニ、ゴカイなどもいる。マングローブがこれらの産卵場所・生育場所なのである。マングローブで発生したプランクトンや稚魚は海流で流れだし、沿岸の魚類がこれを食べる。魚付き林でもある。しかし、マングローブの消滅により、沿岸での漁獲量が減っているともいわれる。

これら海産物は「海の中の森」からの産物ということ、すなわち、林産物だということにもなる。実際、どの国でもマングローブは林野庁・林業省の管理下にある。

東南アジアには、マングローブ近くの海の上に暮らす水上生活者といわれる人々がいて、またマン

11-3●まちがいなく海の中の森だ（スリランカ，コロンボ）
11-4●ツノヤブコウジの葉の上で光る塩粒（インドネシア，バリ）

グローブの後背地にもたくさんの人々が住んでいる。マングローブ樹木で柱を立て、ニッパヤシの葉で屋根を葺いている。ニッパヤシ（*Nipa fruticans*）の分布の北限は西表島だ。マングローブから材料を探しカニや魚捕りのトラップ、捕った海産物を干物にするすのこやかごを作っている。ヒルギダマシ（*Avicennia marina*）やナンヨウマヤプシキ（*Sonneratia caseolaris*）など、いくつかの樹種の葉は野菜として利用されている。

マングローブからの非木材林産物の第一はもちろん、魚・エビ・カニ・貝など海産物である。タイの半島部ではいつもイワガキに似た大きなカキ（牡蠣）が、それも一年中食べられる。食べたあと、ギンネム（イピルイピル）（*Leucaena leucocephala*）の葉をかじる。カキを食べるまえには、少し苦かったギンネムが、不思議なことに甘く感じられる。

ワタリガニの仲間でマングローブガニとも呼ばれるノコギリガザミ（アミメノコギリガザミ）（*Scylla serrata*）はおいしい。鋏は強力で挟まれれば指が落ちてしまう。捕まえたカニはすぐにひもできつく縛っている。タイで好んで食べられるメンダー・タレーと呼ばれるミナミカブトガニ（*Tachypleus gigas*）もマングローブからの産物だ。食べるのはメスがもっている卵だ。これはシーフード・レストランで売られている。

第二は木炭だ。マングローブ樹種、中でもヒルギの仲間は材が硬く、大きさも製炭に適したサイズである。白炭といわれる良質の木炭ができる。南洋備長炭で通っているらしい。どこにも大きな炭窯がある。これが国内消費とともに輸出される。バーベキューのとき、着火剤のついたダンボール函入りの木炭を見ていただきたい。そこには「原産国：マレーシア」と書いてあるはずだ。マングローブからの産物である。日本の木炭生産は戦争中、軍事用目的もあり、一年間二〇〇〜二五〇万トンも生産されたが、最近はわずか三万五〇〇〇トンである。ところが東南アジアから四万トン以上もの木炭が輸入されている。

マングローブ樹種は材自体も硬いことから、建築現場の足場丸太としての需要が大きい。

エビ養殖池への転換

陸上の森林と同様、マングローブでも小さな木を伐らないで残しておけば再生する。しかし、樹木を全部伐り倒し、ここをエビ養殖池に変えている。ここでウシエビ（ブラックタイガー）(*Penaeus* spp.)を養殖するのである。エビのほか、ノコギリガザミ、あるいはミルクフィッシュ（サバヒー）(*Chanos chanos*)などの汽水性の魚を養殖する場合もある。ブルドーザーであっという間の工事である。マングローブが鏡のような大きな池に変わる。飛行機から下をみていればこのことがよくわかる。

満潮時には新しい塩水が入るようにしているが、酸素不足になるため、ポンプで酸素を送っていることもある。カニ養殖の場合、カニが逃げないように、周囲にネットを張っている。しかし、狭い池の中でたくさんのエビを飼うのである。病気の発生で一挙に全滅することがある。このため、抗生物質を絶え間なく投与する必要があるらしい。エビに抗生物質が残留する理由である。

日本人のエビ好きは有名だ。輸入統計によると、一人あたり年間二〇〇匹のエビを食べている計算になるという。実際、駅弁にもほか弁にもエビが入っているし、てんぷらにも寿司にも、エビはなくてはならないものだ。

減少するマングローブを再生しながら、そこでウシエビや魚を養殖しようという試みが広がっている。林業と漁業の組み合わせである。養魚地の中に幅五メートルの土手をつくり、ここにマングローブ樹種を植栽し、マングローブを再生する。土手と土手との間の溝が養魚地である。マングローブが再生でき、同時にエビや魚の養殖ができる。これをインドネシアではタンバック・ツンパンサリ（トゥンパンサリ）といっている。ツンパンサリとは「重ねる」という意味、マングローブ樹木とエビ養殖池を重ねるということになる。

先進的なインドネシアの場合、マングローブと養魚地の面積の比率を八対二にし、入植者を受け入れているのだが、実際には収入を増やすため養魚地をより大きくし、その比率が二対八と逆転していることもある。この場合も林業省・林野庁の事業である。インドネシア、ジャカルタのスカルノ・ハッタ国際空港に着陸直前、窓の下に、海岸に沿って鏡のようなエビの養殖池がつながってみえるはずだ。

11-5●タンバック・ツンパンサリ，マングローブの再生と養殖池（インドネシア，ジャカルタ）

その一部に筋模様・縞模様のところがある。先に述べたタンバック・ツンパンサリである。

実際には、エビや魚の収獲量・生産量は水産統計に含まれているが、マングローブはまちがいなく森林だ。そこからの産物は林産物だということにもなる。

12 トピアリー（鳥獣形刈込み）鳥獣になった樹木

ファヒンの巨大なゾウ

東南アジアの都市公園、ホテルの庭、大きな寺院の境内、さらには学校の校庭などに、樹木を刈込んでつくったシカ、ゾウ、トラ、ワニ、スイギュウ、クジャクなどが並んでいる。最近は恐竜もある。日本ではあまりみないものだ。

樹木をひんぱんに刈り込んで、葉を萎縮させ小枝を密にして、装飾的な樹形に仕立てること、それも鳥やけものなどに似せるものを、トピアリー（トゥピアリー）（鳥獣形刈り込み）といっている。もともとヨーロッパ、とくにイギリス庭園を特徴づけるものだとされているが、鳥獣形は東南アジアのものだといっていいようだ。

私が東南アジアでみたトピアリーの中で一番大きかったものは、タイの半島部、シャム湾に面したリゾートのファヒン（ホアヒン）にあるコロニアル・スタイルの建築で知られた元のレールウェイ・ホテル、現在のソフィテル・セントラル・ファヒンホテルの玄関まえにあるゾウだ。高さはゆうに五メートルを越えている。ホテルへ入る車はこのゾウのお腹の下をくぐる。ここには大きなゾウが二つあるが、樹木を刈込んだ緑の中にブーゲンビレア（イカダカズラ）がからんでいる。背中をブーゲンビレアの赤紫が彩り、それはきれいなできばえである。しかし、さすがに牙は白いペンキをぬった木製だった。ファヒンまで、このトピアリーのゾウを見に行く価値はある。

とはいえ、あるときは刈り込むまえだった。背中から樹木の枝やブーゲンビレアの枝が外に伸び、毛深いマンモスのようであった。暑いところのこと、枝がすぐに伸びる。ひんぱんな刈り込みが必要のようだ。

シャム王国の古都で山田長政が活躍した日本人町もあったアユタヤ観光では、その途中にあるバンパイン・パレスに寄ることが多いが、ここにも子ゾウを連れた何頭ものトピアリーのゾウがある。宮殿の手前の芝生の広場である。これはたくさんの人がみられているはずだ。シンガポールのセントーサ島やマレーシア・ベトナムにもあったが、やはりタイに一番多く、それも上手につくっている。

12-1●フアヒンの巨大なゾウ（タイ，フアヒン）
12-2●ゾウのお腹の下を車が通る（フアヒン）

利用されるのは数種

このトピアリー作りに使われる樹木は、いつもその姿を保つため、刈り込みに強い常緑樹でなければならないであろう。それがクワ科のタイでコイ（*Streblus asper*）と呼ばれるものとカキノキ科のタァコ、あるいはタァコ・ナー（*Diospyros rhodocalyx*）と呼ばれるものである。コイの樹皮は強く、これを叩いてほぐし、漉いて和紙をつくる。タイの古い仏教経典にはこのコイで作った紙が使われているものがある。

タァコの方は葉はウバメガシに似ているが、切り口をみると心材はまっ黒だ。カキの仲間、黒檀（エボニー）の一種である。カキノキ科の樹木だが、日本のカキノキのイメージではない。心材は細工物に使われる。トピアリーに使われるのはタァコの方が多いようだ。両種とも、村落周辺の二次林にもごく普通にでてくる樹木である。

タイの半島部、スラータニー沖にあるサムイ島のリゾートホテルの芝生に小さなたくさんのウサギのトピアリーがあった。やっと聞き出した種名はタイ語でチャーダーだという。キントラノオ科のバルバドスザクラ（*Malpighia glabra*）という熱帯アメリカ原産の樹木だった。こんな外来の樹木がトピアリーに適すると判断し、それをウサギに仕上げていく伝統技術には感心する。

12-3●バンパイン・パレスのゾウの行列（タイ，アユタヤ）

トピアリーの作り方も、樹木の生育にあわせ刈込みながら少しずつ整形していく場合と、まず先に針金で形をつくり、この枠からはみ出したところを切っていくという方法がある。この方法の方が簡単だ。針金の枠の中に角や尻っぽができていない樹木のけものが閉じ込められている。ベトナムにはプラスチック製のトピアリーのミニチュアがおみやげとしてたくさん売られていた。

奇妙な樹形

タイの盆栽もおもしろい。私のバンコク観光でのお奨めコースの一つ、チャトゥチャック公園のウイークエンド・マーケットにも、たくさんの観葉植物とともに盆栽がある。タイでも盆栽作りは盛んで、「ボンサイ」で通じる。ひんぱんに刈り込んで、樹木のミニチュアをつくるのだが、日本の盆栽が大木のミニチュアをつくるのに、タイの盆栽は球形の樹冠を一本の木にいくつもつける段作りといわれるものが多い。盆栽愛好家にはこれは盆栽ではないといわれるかも知れない。

この盆栽はバンコクのエメラルド仏が安置されているワット・プラケオにも典型的なものがたくさんあるし、大きなパゴダのあるナコムパトムやカンチャナブリへの途中の国王の還暦を記念して作られた仏教公園ブッダ・モントンにもたくさんある。この盆栽はタァコのことが多いが、キョウチクト

12-4●ワットプラケオの盆栽（タイ，バンコク）

ウ科のモック・バーン（*Wrightia religiosa*）なども使われる。

道路の中央分離帯や公園の樹木の刈り込みもおもしろい。円錐形、角錐形、あるいは球形にきれいに刈込んでいる。この樹形も日本にはないものだ。本来、まっすぐに伸びるヤマモクマオウ（*Casuarina junghuhniana*）をうまく円錐形に刈込むし、ときにはタケやマツリカ（ジャスミン）を球形に刈込んでいることもある。

剪定しないのに、奇妙な樹形のものがある。一目みれば、この木の名前を覚えられる。アソカノキ（アショカノキ・ナガバノキダチオウソウカ）（*Polyalthia longifolia*）である。もともとインド・スリランカ原産とされるが、熱帯アジアに広く植栽されている。樹高はせいぜい一五メートル程度だが、幹はまっすぐに立ち、枝は下向きに長く垂れ、雨合羽を着ているような格好になる。英名をマスト・ツリーといい、このような樹形をペンドゥラと呼ぶ。

アソカノキのこのタイプは街路樹として、また公園などによく植えられている。どこでかならず眼に入ってくるはずだ。インドネシア、ジョクジャカルタのボロブドールやバリ島にもたくさんあった。ところがこの木、あのペンドゥラ・タイプだけでなく普通の樹形でもでてくる。インドネシア、ジャカルタの中心部、モナス（独立記念塔）に近いスルタン・ハサヌディン通りやイスカンダー通りにもこのアソカノキの並木がある。ところが、ここでは枝を横に広げごく普通の樹形をしている。まったく別種とさえ思えるのだが、下

12-5●アソカノキのペンドゥラ・タイプ（右）と正常なタイプ（ミャンマー，ヤンゴン）

向きに垂れる細長い葉はまぎれもなくアソカノキのものである。

ミャンマー、ヤンゴンのシュエダゴン・パゴダに近いヴィサラ通りには半球形、あるいは釣鐘状に刈り込まれたアソカノキが中央分離帯にきれいに並ぶ。ところが公園やホテルの前庭にはペンドゥラ・タイプも並んでいる。東南アジア旅行ではかならず眼に入る樹木だが、こんなに極端に樹形がちがう樹木も珍しい。

トピアリーにも盆栽にも、熱帯の多様な樹種の中からこれらに適したものを選びだしたのである。

13 チーク 造船材から高級家具材

カティサーク号

タイでマイサック、インドネシアでジャティ、ミャンマーでキュンと呼ばれるチーク（*Tectona grandis*）はもともとインドからミャンマー（ビルマ）、タイ、ラオスなど東南アジアの大陸部、すなわち明瞭な乾季をもつモンスーン熱帯といわれる地域の、それもやや標高の高いところに分布する。長い乾季の間は葉を落して耐えるクマツヅラ科の樹木である。

チークの葉は大きい。とくに若いチークの葉は大きく、長さ七〇センチにもなる。表面はざらざらしていて乾いたものではサンドペーパー代わりになるほどだ。このチークは大木になること、黒っぽい心材は強度も大きく、耐久性・耐虫性にも優れ、木目もきれいなことから、高級家具材、内装・彫刻材として利用されている。東南アジアでの最高級木材の一つである。

チークのこの耐久性は造船材として最適のものであった。海中で材の中まで孔をあけるフナムシも穿孔しなかったという。大航海時代が始まり、イギリスはインド・ビルマを植民地とし、ここでみつけたチークで大きな木造帆船をつくった。スコッチ・ウイスキーのブランドの一つカティサークでおなじみのカティサーク号も総チーク造りの帆船だった。帆船・木造船は次第に鋼鉄蒸気船、そしてディーゼルエンジン船になったが、甲板（デッキ）・内装など木材を必要とするところはたくさんあり、水のつきやすい船舶でチークは最適の木材だったのである。

カティサーク号はウイスキーのラベルの通り、三本マストの全長八六メートル、九三六トンの明治二年（一八六九）年に進水した帆船で、中国、上海・福州からインド洋を横切りアフリカ南端の喜望峰をまわって、イギリス、ロンドンへ新茶を運ぶティ・クリッパー（茶運搬快速帆船）の一隻であった。中国の新茶を一番先にロンドンへもって帰れば高く売れる。どの船も他の帆船を出し抜いて一足先に帰ろうと競争したのである。最短は八九日という記録があるらしいが、カティサーク号は八回の往復で最短は一〇八日、最長で一二三日だったそうである。このカティサーク号は現存する唯一のティ・クリッパーとして、ロンドン、テームズ河畔グリニッジにつながれ一般公開されている。

優れた耐水性・耐久性は造船材に最適だったといったが、二〇世紀を代表する豪華客船クイーンエ

13-1●総チーク造りの帆船カティサーク号（ロンドン）

リザベス二世号のデッキと客室内装、そして最近進水したばかりの日本の誇る客船「飛鳥」のデッキにもチーク材が使われているそうである。

ゾウが運ぶ

ミャンマー・タイの奥地で伐り出されたチーク丸太はゾウによって上流の川岸まで運ばれ、ここで筏に組まれ河口まで流されたのだが、河口に到着するのにときには六年もの年月がかかったという。チークが腐らないもの、いかに耐久性に優れているのかがわかる。最盛期にはタイだけでも三〜五万頭ものゾウが、このチークの伐り出しに活躍していた。林道が発達した現在でも、タイやミャンマーではチークの搬出にゾウがまだ使われている。力持ちのゾウだが、伐採現場のやぶの中の丸太運びでは、息を乱し大きな悲鳴をあげていてかわいそうだった。

タイ北部、ランパン近くのトゥンクイアンにあるゾウ保護センターは、もともとタイ森林産業公社がゾウにチーク丸太の運搬を教える訓練所だったのである。今でもチーク材の運び方をみせてくれ、そのあとで背中に乗せてくれる。しかし、チークの枯渇とタイ政府の天然林伐採禁止令により、木材搬出の仕事がなくなった。一部はまだ森林伐採の続いているミャンマーへゾウ使いとともに出稼ぎに行った。ミャンマーとの国境に近いメーホンソンで出稼ぎに行く長いゾウの行列に出会ったことがある。

世界最大のチークはタイ北部のウッタラジット郊外にある。周囲一〇〇五センチ（直径三・二メートル）、樹高三七メートル、樹齢一五〇〇年とされている。これまで三回訪れたが、現在は「大チーク公園」として、チークの周りにロープが張られ大事に保存されている。車から降りた眼の前にこのチークが立っている。ランパンからなら日帰りで行ける。

タイ北部には総チーク造りの豪邸がレストランなどに改装されたところがある。この地方の伝統的な建物の屋根には、日本の神社の千木に似たX字型のガーレーと呼ばれるかざりがのっている。ときにはこの屋根がチークの屋根板で葺かれている。チークの屋根板で葺かれた古い家屋が解体されるとき、この屋根板だけは回収され、表面をもう一度削って再利用する。このことでもチークの耐久性の大きいことがわかる。

13-2●力一杯チークの丸太を引っ張る（タイ，ランパン）

チェンマイの有名なナイト・バザールにも、古い屋根板に絵を描いたもの、彫刻したものが売られている。これが古いチークの屋根葺き板だと教えられれば、つい手がでるだろう。

総チーク造りのパレス

バンコクに世界最大という総チーク造りの建造物がある。ドゥシット動物園のとなりにあるヴィマンメーク・パレスである。バンコク観光でかならず訪れるエメラルド仏の安置されているワット・プラケオの入場券でここの参観もできる。少し離れているので、ここを訪ねる人は少ないが、足を伸ばしてみるといい。巨大なチークのあったころの、そして名君として尊敬を集めるチュラロンコン大王（ラーマ五世）時代のタイ王室の華やかな外交を知ることができる。

一八八三年にパリとコンスタンチノーブル（イスタンブール）を結んだオリエント急行は当時五両編成だったそうだが、車体には最高級のチークが使われていたというし、フランスのベルサイユ宮殿にも使われているという。バンコクの豪華ホテル「ザ・オリエンタル・バンコク」の内装や家具にもチークがふんだんに使われている。日本初のリゾートホテル

といわれる箱根・富士屋ホテルのメイン・ダイニングルームもチーク造りだと聞いている。

現在ではチークは造船材に代わってもっぱら高級家具材に利用され、小さな端材さえ、彫刻、ペンダント、コースターなどに無駄なく利用されている。置物のゾウの多くはやはりチーク製であるが、おみやげ屋の店先においてある巨大なゾウはアメリカネムノキ製である。チェンマイ近郊にたくさんあるチーク製家具の製造工場を見学し、そのショールームに並ぶチークの応接セットやキャスター付きバーなどをみれば、置く場所などないのに注文したくなる衝動を抑え切れないであろう。

京都にチーク造りの大きな寺院がある。宇治の黄檗山萬福寺である。本堂（大雄宝殿）の大きな柱すべてがチークだという。インゲンマメにその名を残す隠元禅師による開山で、寛文元年（一六六一）の創建とされている。チークを筏で引っ張ってきたので、一部に貝がついていると説明がある。

チークの天然分布は先に述べたように東南アジア大陸部のやや標高の高いところだが、その木材生産を目的に東南アジア各地に、それも平地にもチークの大きな造林地がある。とくに、タイ北部のチェンマイからゴールデン・トライアングル、あるいはミャンマーのバゴ（ペグ）からバガンなどには広大なチーク林が広がっている。インドネシア、ジャワ中部のジョクジャカルタから東部のスラバヤ、スラウェシのウジュンパンダンからタナー・トラジャにかけても大きなチークの造林地がある。インドネシアにはもともとチークは天然分布しないとされているので、ここのチークはすべて人工林ということになる。

13-4●総チーク造りの宮殿（ヴィマンメーク・パレス）（タイ，バンコク）

ジャワ東部を旅行してきた友人が、チークが虫か病気で大面積に枯れていたと報告してくれたが、実はこれは枯らしたものである。チークはどこでも伐採の二年まえに地際の樹皮を剥ぐ。いわゆる巻き枯らしをして、十分に乾燥させたのち、伐採するのである。こんなことをして数年放置しても材の中へカミキリムシなど穿孔虫が入らないという。とはいえ、タイ北部などのチークの造林地でビーホール・ボーラーと呼ばれるコウモリガ（*Xyleutes ceramicus*）が立ち木に潜入、材質を悪化させる害が広がっている。チークだけの単純な森林にしたことで、この蛾が増えたのである。

東南アジア旅行では、かならずどこかでこのチークがでてくるはずだ。チークの大きな葉を探していただこう。気をつけてみていれば、バンコク、ホーチーミン、ヤンゴン、ジャカルタなどの大都市でもチークは簡単にみつかるし、街路樹として並んでいることもある。

13-5●チーク造りとされる宇治，萬福寺大雄宝殿

14 シナモン（肉桂・桂皮）増える需要・なつかしいニッキ水

四大スパイス

コショウ（胡椒）、シナモン（肉桂・桂皮）、ナツメグ（ニクズク）、チョウジ（丁子）が四大スパイス（香辛料）だとされる。いずれも熱帯アジアの原産である。昔、縁日に細い木の根を数本しばった「しばニッキ」、とっくり型のびんに入ったけばけばしい緑や赤の「ニッキ水」があったように、一般にはニッキとも呼ばれている。ニッキ水は今でもみかける。なつかしい味だ。

日本にもニッケイ（*Cinnamomum sieboldi* ＝ *C. loureirii*）があり、奄美・沖縄には自生するとされ、かつては和歌山や四国・九州の太平洋沿岸ではシナモン生産のため植栽されたという。しかし、日本のニッ

14-1●ニッキ水（高知）

ケイは樹皮の芳香成分が少なく、それも根の樹皮が目的であった。根を掘り取ってしまうのだから本数も少なくなったし、外国産のシナモンに品質からも価格からも太刀打ちできなかったらしい。

鹿児島に、この日本産のニッケイの葉を使った「けせんだんご」、「けせん餅」というのがある。志布志・鹿屋などの名物だが、鹿児島空港でも売っている。ニッケイのことを「けせん」というらしいが、二枚のニッケイの葉で小さな餅をさんだものだ。ニッケイの葉の尖った先は切ってある。ニッケイの葉をお菓子に使うのは、この地方だけのものだろう。

ニッケイ（肉桂）はクスノキ科の樹木、高さはどれも一五メートル程度である。ここでは樹木は「ニッケイ」、香辛料として利用する樹皮・製品を「シナモン」とする。シナモン（肉桂・桂皮）の主産地は世界に三ヵ所ある。インド・スリランカのセイロン・シナモンはセイロンニッケイ（*Cinnamomum verum*）から得られるもの、中国南部・インドシナ半島（とくにベトナム）のものはカシア（カッシャ）と呼ばれ、シナニッケイ（トンキンニッケイ）（*C. cassia*）から、そしてインドネシアのスマトラ・ジャワで生産されるスイート・カシアとかインドネシア・カシア（パダンシナモン）などと呼ばれているものが、ジャワニッケイ（*C. burmanii*）から得られる。ベトナムにあるもう一種、サイゴンシナモン（ベトナムシナモン）は甘味が強いというが、日本のニッケイと同種ともされる。

カユ・マニス（甘い樹木・甘い樹皮）

マレー語・インドネシア語ではシナモンのことを、カユ・マニスとかクリット・マニスと呼ぶ。カユは樹木、クリットは樹皮、マニスは甘いということ、甘い樹木・甘い樹皮ということである。インドネシアでのシナモンの産地はスマトラの西側に連なるバリサン山脈沿いのやや標高の高いところである。北スマトラの景勝地トバ湖周辺でも、鮮やかな赤い葉の樹木が村落を取り囲んでいる。これがニッケイである。道路沿いに街路樹として並んでいることもある。花が赤いのでなく、新葉が赤いのである。円錐形の樹形はインドネシアでチェンケと呼ばれるもう一つのスパイス、チョウジ

14-2●鮮やかな赤の新葉がニッケイの特徴(インドネシア, 北スマトラ・トバ湖)

（*Syzygium aromaticum*）に似ているが、葉の色の鮮やかさで確実に区別できる。チョウジもやや標高の高いところで植栽されるのである。

ニッケイはもともとこの地域の森林にあったものだが、香辛料としての利用で今では世界的なスパイス（香辛料）になった。この需要に対応して、スマトラの山岳地の森林が大きくニッケイ林に転換されている。ニッケイは苗木植栽後、ほぼ一〇年で直径は一〇センチ程度になり、伐採・収穫できるという。利用するのは樹皮だ。ペングパスというナイフで上側の樹皮を横に先に切り、ついで三〇センチほど下を同様に切り、そのあと五〜一〇センチ幅で縦に切っていく。これで簡単に短冊状のシナモンがはずれる。剥皮するのは地上三〇センチから手の届く二メートルくらいまでだ。

外皮と内皮に分けたあと、数日天日乾燥する。スマトラの山岳地では道路沿いや空き地に、この短冊がたくさん干してある。赤い内皮は乾燥するに従い、内側に巻き込み長い筒状になる。きれいな筒状のものの方が値が高い。この筒状のものをクイルという。

ここのジャワニッケイの利点は伐採したあと、その伐り株から萌芽がでてくることだ。でてきた萌芽のうち生長のいい一、二本を残しておくと、それが大きく生長する。新しく苗木を植えなくてもいいのである。

14-3●ジャワニッケイ林（トバ湖）

多彩な利用と増大する需要

東南アジアの市場には必ずこのシナモンが、チョウジ、ナツメグ、コショウ、クミリと呼ばれるククイノキ（*Aleurites moluccana*）のナッツなど、多様な香辛料とともに売られている。シナモンは長さ五〜一〇センチの短いものから、七〇センチもの長いものまでさまざまだ。板状のものもある。外皮である。いずれも計り売りである。これを家庭で削りカレーの味付けをする。カレーの味は各家庭でちがうということだ。

シナモン・ロールケーキ、さらにはシナモン・パウダーをかけたアップルパイ、ドーナッツ、フルーツケーキ、クッキー、シナモン・トーストなど身近なところにたくさんシナモンが使われている。シナモン風味のコーヒーもある。ニッキ飴も長い間人気のあるものだ。カレー材料としても重要なもの、カレールウにも確実に入っている。アイスクリームにもシナモン・フレバーがある。シナモンの粉末と砂糖をまぜたシナモン・シュガーもある。

シナモン・ティには樹皮が内側に巻き込み棒状になったニッケイの樹皮（スティック）がついてくる。これで紅茶をかき混ぜて味と香りをだすのと、紅茶自体にシナモン風味がついているものがある。スプーンの代わりにスティックでかきまぜるのも楽しい。中国の桂皮酒はシナモンで風味をだしたものだ。

世界的にもグルメブームの中で、シナモンの需要はより大きなものになっているようだし、日本式カレーが世界的な食べものになっていくとき、原料としてのシナモンの需要もより大きくなっている。また、精油を抽出し、香料・薬用・食品・化粧品にも利用する。はやりのアロマセラピーにもシナモンが使われる。

とはいえ、シナモンも産地・樹種によって甘味、辛味、香りがちがう。これは主成分の桂皮アルデヒド、オイゲノール、シナモンオイルの含有量の差によるもので、利用用途もちがってくる。京都の銘菓八つ橋は昔から、中国・ベトナム産のシナモンを使っていると聞いた。

ベトナムのハノイやホーチーミンでは、おみやげ屋で大きなシナモンの巻物やシナモンでつくった茶壷、爪楊枝立てなどを売っている。いい香りがする。この中に紅茶を入れておくと、シナモン風味

14-4●道路わきで干されるシナモン（インドネシア，南スマトラ，リワ）

14-5●店先にぶら下がるシナモン（インドネシア，スラウェシ，ウジュンパンダン）

が味わえる。

シナモンの生産でニッケイ林が造成されれば、熱帯の森林が維持され、そのことで山村社会も維持される。世界的な需要があるとき、生産地でも加工技術を向上させ、高品質のものを安定供給する努力が必要であるが、私たちも、シナモンが熱帯アジアで生産されていることを知っておく必要があろう。

シナモン（肉桂）も熱帯林の多様な樹木の中から探し出されたのである。

15 フタバガキ（ラワン・メランティ）木材・樹脂・果実の利用

昔「ラワン」、今「メランティ」

東南アジアを代表する樹木といえば、一般にラワンと呼ばれているフタバガキ科のものである。身の回りにたくさんある合板、建築現場で大量に使われているコンクリート・パネル（型枠）の多くは東南アジア産のフタバガキ科樹木のうち、材の柔らかいものから作ったものだ。丸太をトイレットペーパーのように薄く剥いたものをベニアー（単板）、それを縦横に数枚を重ね接着剤で張り合わせたものをプライウッド（合板）と呼ぶ。

フタバガキ科樹木の丸太が戦前、あるいは戦後復興期にフィリピンからたくさん輸入されたのでここでの呼び名ラワンが使われたが、現在ではボルネオ（マレーシア領サバ・サラワクとインドネシア領カリマンタン）からの輸入になり、一般にもここボルネオでの呼び名、メランティと呼ぶことが多くなった。

フタバガキ科樹木の起源はアフリカとされ、大陸移動によってインド亜大陸がアフリカから分かれアジア大陸にぶつかりくっついたあと、湿潤な東南アジアで大きく繁栄、種分化を遂げたとされる。アフリカに約四〇種と南米アマゾンにある一種を除いて、あとのすべてがインドからニューギニアまで、それも東南アジアの大陸部と島嶼部に分布する。ボルネオだけで二六〇種以上とか、マレー半島だけで一六八種といわれるように、島嶼部に多い。アマゾンの一種も、もともとアフリカと南アメリカが地続きだったことの証拠にもなっている。

フタバガキの名は学名の二つの翼（Diptero）をもった果実（Carpus）に基づき、「二つの羽根をもった柿」ということだが、果実は柿には似ていない。果実に二枚の長い翼を持つのが特徴だが、これは五枚が基本、二枚が伸びたもの、三枚が伸びたもの、五枚が伸びたものがあるし、中には翼がまったく伸びないで果実のまわりにくっついているだけのものもある。

種類数が多いことからもわかるように、材質もきわめて多様で、中にはチェンソーが火を噴くとさえいわれるきわめて硬いものもある。東カリマンタン奥地の伐採現場を訪れたとき、大木が伐り残されていた。なぜ伐らないのかと聞いたら、「チェンソーが火を噴く、伐った材は川まで運び筏に組む

15-1●フタバガキの巨木（左）（インドネシア，ボゴール）

のだが比重が一近くで、水に沈んでしまう、無用の木だと」いっていた。今では道路網が広がり、トラック輸送ができるし、こんな硬い材も特殊な用途に使われるので、有用ということになる。

とはいえ、材の色は単調、削っても表面は粗雑、つるつるにはならない。とても家具や柱には使えない。それだけに家具などでは内側や裏など眼につかないところに使われ、柱などでは表面にきれいな木目のスギやヒノキの薄板やプリントが張られている。

ダマール

このフタバガキ科樹木の利用は木材としてだけではない。まず、一部のフタバガキ科樹木から得られる樹脂（レジン）がある。これをダマールと呼んでいる。ダマールとはもともとは樹脂をさすインドネシア語であるが、現在ではこれが英語になっている。タイ東北部のヤソートン周辺ではヤーン・ナー（*Dipterocarpus alatus*）の大木の根元近くに幅三〇センチの三角形の深い穴をあけ、ここに貯まる樹脂を採っている。収穫のあと、まわりを少し削り、残っている樹脂に火をつける。これで樹脂の出がよくなるという。

タイやラオスの無灯火村ではこれが灯明になる。まっ暗い中、この明かりで家屋のあることがわか

15-2●タイ東北部のフタバガキ樹脂で塗られた竹かご（タイ，ヤソートン）

る。また、この樹脂を竹かごに塗って、バケツとして利用するし、柿渋の代わりに番傘にも塗る。

産業的にこの樹脂を生産しているのが、南スマトラのインド洋側のクルイ地方だ。焼畑にオカボ（陸稲）と一緒にフタバガキ科樹木ダマール・マタクチン（*Shorea javanica*）の苗木を植える。水田の裏山はどこもこの大木の林だ。どの木にも高さ五メートルくらいまで、一定間隔で丸い穴があいている。穴の天井からぶら下がった透明の樹脂を採集するのである。一定間隔の穴は木に登るためのはしごの役目をも果たしている。

このダマール・マタクチンの大木の間には果樹のズク、マンゴスチン、ランサー、ドリアンなどの果樹、さらにはキンマの材料のビンロウ、香辛料のチョウジ、豆を野菜として食べるネジレフサマメなども混植されている。林業と農業を同時にやっているるということだ。森林消失の著しい中、樹脂生産とフルーツ生産を両立させており、その持続的な森林管理が高く評価されているところである。この樹脂（ダマール）がわが国にも輸入され、塗料・リノリウム・薬品材料として利用されている。

テンカワン（イリッペ・ナッツ）

実はフタバガキ科樹木の果実も私たちは食べている。インドネシアのカリマンタンでテンカワンあるいはカワン、マレーシアのサバ・サラワクでエンカバン（ウンカバン）あるいはカバンと呼ばれるもの、英語でイリッペ・ナッツと呼ばれるものだ。カワン・ジャンタン（*Shorea gysbertsiana* = *S. macrophylla*）やテンカワン・トゥンクール（*S. stenoptera*）と呼ばれるものなど一〇種ほどのフタバガキ科サラノキ（ショレア）属の果実のことである。

これら樹種の種子を蒸して油脂を抽出する。インドネシア、西カリマンタンのポンティアナックにその生産工場がある。この工場は通常はカカオからチョコレートの原料カカオバターを生産しているのだが、実はカカオの油脂とテンカワンの油脂の成分がよく似ている。ご存知のようにチョコレートは寒いとカチカチになり、暑いとすぐに融けてしまう。

15-3●ダマール・マタクチンの採取（インドネシア，南スマトラ，クルイ）

チョコレートの融点は体温とほぼ同じ、このため口に入れると溶け始める。材料はカカオでもテンカワンでも、作業工程はかわらないし、性質のよく似た油脂が生産できるのである。ポンティアナックのカカオバター工場で生産されたイリッペナッツ・バターも日本へ輸出するのだと聞いた。

現在では加工されたイリッペナッツ・バターを油脂を輸入しているが、以前はフタバガキ科樹木の果実、すなわちテンカワンそのものを輸入し、国内で搾油さえしていたという。カカオバターとほぼ同じ性質ということは、これがチョコレートに入っているということだ。チョコレートにはカカオ以外に、アフリカ産のアカテツ科のセア（シア）ナッツ（*Butyrospermum parkii*）やテンカワンからの植物油脂の混合が認められている。しかし、チョコレートにテンカワン（イリッペナッツ）やセアナッツの表示はない。原材料は「植物油脂」となっている。

このイリッペナッツ・バターが体温で溶けるという性質を利用して、口紅や座薬にも使われると聞いた。口紅を塗ったあと、体温で溶けしっとりするというのである。サバ・サラワクの市場では、このイリッペナッツ・バターが竹筒に入れられ売られている。チャル・エンカバンと呼ばれ、ごはんにこれをかけると香りのあるピラフのようなものになるという。

問題はこのテンカワンの結実が数年に一度だということだ。いわゆるフタバガキ科樹木の一斉開花の年だけの収穫である。村人はこの時にはせっせとこれを集め、仲買人に売る。これでそれまでに貯まった借金が返せるという。それだけ大量に実を落すということだ。

15-4●フタバガキ科樹木の果実（インドネシア，西カリマンタン，ポンティアナック）

このフタバガキの大木を簡単にみれるところがある。タイ北部のチェンマイとランプンを結ぶ国道の両側に約一四キロメートルにわたって、先に述べたヤーンナーの大木が並んでいる。もう一ヵ所はバリ島、サンゲェのブキット・サリ寺院だ。寺院を囲む白い肌の大木がフタバガキ科のパラ（クルイン・ブンガ）(*Dipterocarpus hasseltii*) である。観光案内書にはここを「パラ（ナツメグ）の森」と紹介しているが、インドネシアでパラと呼ぶナツメグ（ニクズク）(*Myristica fragrans*) ではない。まちがいなく植栽されたフタバガキ科の樹木である。

大木になること、それも材質が柔らかく合板に適したことで、このフタバガキ科樹木が市場価値をあげ、国際的に大きな需要をもた

15-5●市場で売られるチャル・エンカワン（マレーシア，サラワク，クチン）

らしたのだが、そのことで東南アジアの森林が伐られ、熱帯林消失の原因にもなったのである。

16 バナナ 熱帯アジアから世界のフルーツへ

バナナは野菜か果物（フルーツ）か

熱帯のフルーツといえば、何だろう。ドリアンやマンゴスチンの名がでてくるかも知れないが、まちがいなくバナナであろう。あまりにも身近なものになり、熱帯産の果物（フルーツ）であることを忘れている。

しかし、バナナを果物（フルーツ）といっていいかどうかには実は問題がある。農林水産省に野菜課と果樹花き課があるように、野菜と果樹をはっきりと区別すると、果物とは樹木につく果実ということ、一年生あるいは多年生草本につく果実は野菜だということになる。メロン、スイカ、イチゴ、パイナップルなどがそうだ。統計でもこれらは野菜リストの中にある。バナナも多年生草本である。厳密には野菜かも知れない。とはいえ、一般には果物（フルーツ）の扱いであろう。

バナナはバショウ科の巨大な草本、大きな葉をつけ、葉の基部で直径三〇センチを越える幹（偽茎）をつくる。葉柄が何枚も重なったものだ。温室などで栽培されるサンジャク（三尺）バナナはその名の通り矮生で高さ一メートル程度だが、大きなものでは一五メートルにも達するものがある。バナナの野生種は約四〇種あるとされるが、その分布はインドからマレーシア、ポリネシアで、まちがいなく熱帯アジア起源のフルーツである。

私たちが食べているものはミバショウ（*Musa sapientum*）の三倍体、すなわち種子ができないものとされている。長い歴史の中で二、三種の野生バナナから三〇〇もの品種がつくられているという。私たちが日常よく食べているものは、キャベンディシュと呼ばれる黄色のものだが、赤い色のモラード、小さなモンキーバナナ（セニョリータ）などもある。しかし、品種名でなく、デルモンテ、チキータ、ドールなどとブランド名で、あるいはフィリピン、エクアドル、台湾バナナなどと産地名で呼ぶことも多い。

バナナは長さ五〇センチ〜一メートルの長い茎（果房）に階段状に花がつき、これが次々と果実にかわる。元の方から熟していくということだ。花が咲いてから果実が熟すまでに三ヵ月程度かかる。この全果房をブンチ、階段状の一段をハンド（果掌）、そして一本ずつをフィンガー（果指）という。

普通、一五果掌くらい、それに二〇本のフィンガーがつく。全房で三五〜五〇キログラムになる。小売りでは二段ずつ六本に切って売っていることが多い。私たちのいう一房だ。

フィリピンの田舎の市場では、バナナは一房でなく、一本いくらで売っている。安いものでは一本一ペソ（約二円）だ。一房買うと多いと思っていたのだが、いろんな品種を味見するのにこれはよかった。

バナナとプランティン

実はバナナは生食用ばかりではない。生食用のものをバナナ、料理用のものをプランティンというのだが、料理用の品種も多い。揚げたり、焼いたり、煮たり、蒸したりして食べるのである。生食用のものを揚げたり煮たりしてもおいしい。マレーシア語・インドネシア語ではバナナのことをピサンという。ピサン・スス、ピサン・ラジャといった品種がおいしいという。ずっと以前のこと、たくさんの学生といっしょにマレー半島南部、バトゥパハットというところへサゴ澱粉を採るサゴヤシの調査に行ったことがある。学生はみんな東南アジアがはじめて、いろいろなフルーツを食べさせたのだが、大人数だけにあっというまになくなってしまう。

ピサン・タンドックと呼ぶ大きなバナナがあった。これも買って混ぜておいたところ、「渋くて食べれません」とこれだけが残された。タンドックとはウシの角という意味である。料理用のバナナだったのである。これも料理するとおいしい。最近ではこれら料理用のプランティンも輸入されている。

バナナの花や幹（偽茎）の髄（芯）は細く切りサラダに混ぜたり、スープに入れ、また家畜の飼料にする。野菜としてのバナナの花や芯はマニラやジャカルタのような大都市の大きなスーパーでも売っている。花と芯はとくにフィリピンで好まれる。アフリカにはエンセーテ（アビシニア）バナナ（*Musa ensete* = *M. abyssinica*）という偽茎からでんぷんをとるバナナさえある。インドネシアのピサン・ウダンは幹が赤くなるが、これを細く裂いてひもにする。丈夫なもので、引っ張っても切れない。

バナナの中に黒い点々がある。これが種子だ。普通は大きくならないのだが、ときに大きな種子が入っていることもある。タイではバナナのことをクロエというが、クロエ・ナムワーという種類は少し酸味のあるものの生食でもおいしいし、揚げバナナ・焼きバナナにもする。私の好きな品種だが、このバナナ、今でもときどき中から大きな黒い種子がでてくる。

焼畑放棄地を時に野生のバナナが覆っている。一九六三年のこと、タイ東北部のプークラドンという山に調査のため登ったときのこと、山頂近くの野生バナナがゾウに食べられなぎ倒されていた。柔らかい葉や芯はゾウの好物らしい。これにたくさんついている小さなバナナの中は種子だらけだった。タイの半島部、スラータニーの特産にクロエ・レットムーナーンという品種がある。レディース・フィ

16-1●ピサン・タンドック（インドネシア，ロンボク）

ンガーという意味だが、果指の先端が長く伸びる面白い品種だ。

きれいな花のつく観賞用のバナナもある。たくさんの小さなバナナが鈴なりにつくセンナリ(千成)バナナ（*M. chiliocarpa*）は文字通り千本以上、時には三五〇〇本もつくそうだ。毎日三度の食事ごとに一本ずつ食べても一年間は食べれるという計算になる。庭に一本植えたくなるが、実際には種子ばかり、渋くて食べられない。

バナナはおいしく栄養価も高いこと、ビタミン・ミネラルにも富むこと、また一年を通じ、次々と実をつけることから、熱帯ではもっとも頼りになる食べものである。株分けでの繁殖が容易であったことから、原産の熱帯アジアから古くアフリカへ、そして新大陸発見後は南アメリカに運ばれ、現在では先進国向けに大規模なバナナ園をつくっている。バナナボートはキューバ、グアテマラ、パナマなどからアメリカへバナナを運んだのである。腐りの早いバナナのこと、保冷船のできるまで遠くへは運べなかったのである。

ＦＡＯの統計によれば、全世界での現在のバナナの生産量は約九七〇〇万トン、その八〇パーセントは料理用のプランティンだとされているが、実際にはバナナとプランティンの区別は簡単ではない。

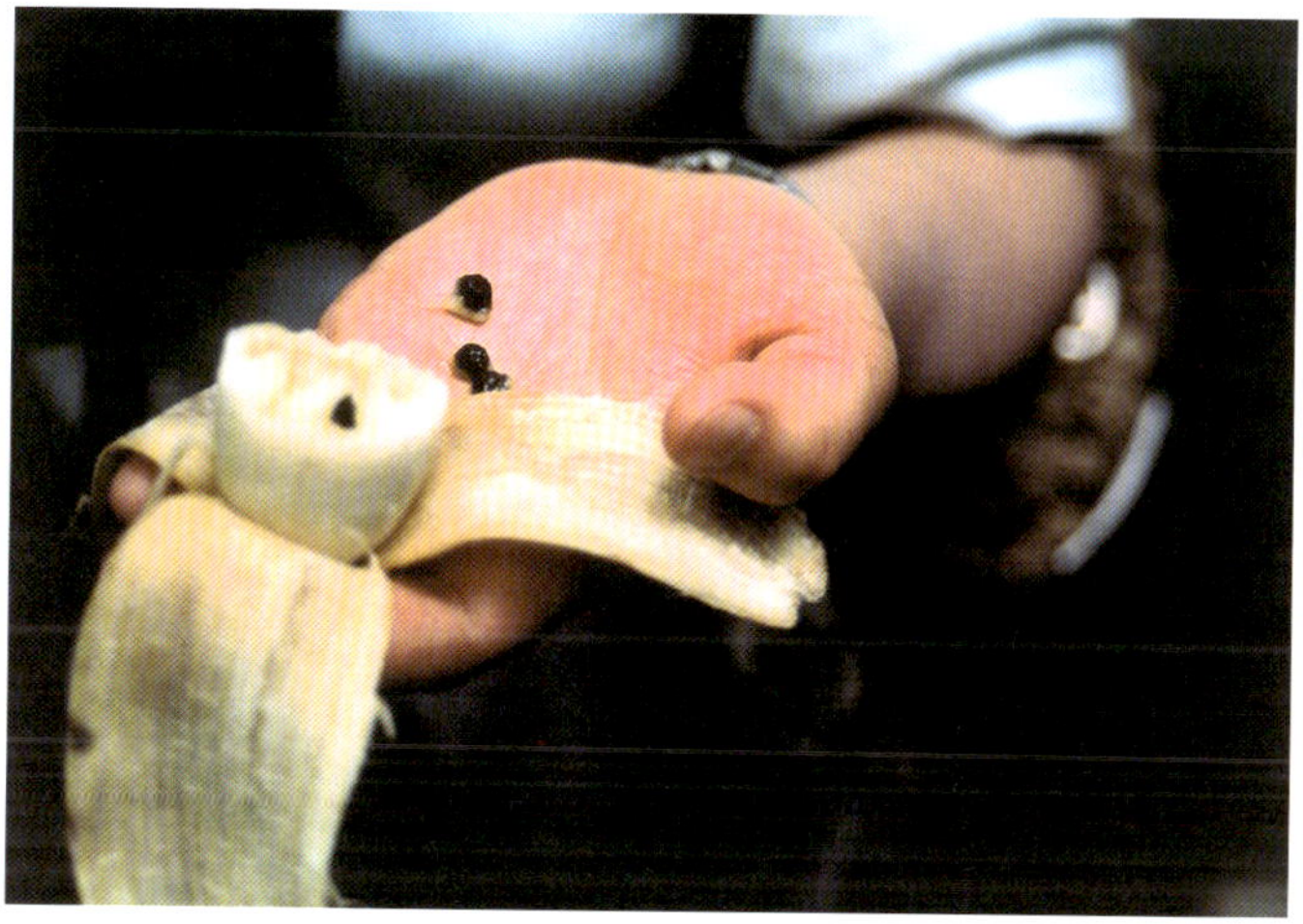

16-2●クロエ・ナムワーからはときどき種子がでてくる（バンコク）
16-3●先端が尖るレディース・フィンガー（タイ，スラータニ）

一人当たり八キログラムの消費

わが国への輸入は約一〇〇万トン、フィリピン（七〇パーセント）を主に、エクアドル（一〇パーセント）、台湾（七パーセント）などからである。これは国民一人あたり約八キログラムの消費だという。輸入果物の五五パーセントを占め、グレープフルーツ、パイナップルを大きく引き離している。

フィリピンでアバカと呼ばれるマニラアサ（*M. textiles*）は麻の仲間でなく、バナナである。偽茎から繊維をとり、これを編んでフィリピンの民族衣装バロン・タガログをつくる。薄く通気がよく、麻の感じである。沖縄の芭蕉布はやはりバナナの仲間のリュウキュウイトバショウ（*M. balbisiana* = *M. liukiuensis*）の葉から繊維をとり、織り上げたものだ。これも本来は衣服用であった。この偽茎の繊維からは紙を漉くこともできる。

バナナの大きな葉はあとの20「木の葉の皿と椀」でも述べるように、食器代わりになり、肉や魚など食材を包む包み紙になる。インドネシアやマレーシアの田舎の食堂では、バナナの葉の上にご飯とおかずをおいてくれる。もちろん、手で食べるということだ。バナナの幹（偽茎）を横切りにすると、タケ筒を半分に割った樋のようなものができる。これを

16-4●センナリ（千成）バナナ（タイ，コンケン）

トレー代わりにごはんを盛る。清潔でいいと思ったが、使ったあとはそのあたりへ散らかして汚なかった。

バナナの葉に肉や魚を包み、火の中に入れたり炭火の上で蒸し焼きにすることも多い。水分を含んだ葉は焼け焦げず、中だけ蒸し焼きにできる。この大きな葉は雨のとき、傘のかわりになる。インドネシア、ロンボク島モンキーフォレストでのこと、突然のスコールに一人一枚のバナナの葉をもらって、それを頭に乗せ山を下りてきたことがある。

バナナは室温で保存し、冷蔵庫へ入れてはいけない。皮がすぐに黒くなり、風味を損なう。昔は病気にならないと食べられなかったバナナだが、今では一番安いフルーツの一つだ。一年中、値段は変わらず、小売で一キログラムが二三〇円程度だという。生食以外にも、バナナジュース、ヨーグルト、そしてバナナ・ケーキ、カステラ、クッキーなど洋菓子はもちろん、もなかなど和菓子にもバナナが使われている。バナナケチャップ、バナナジャムもある。バナナチップスもありふれたものだ。これはプランティンを加工したものだ。

バナナは熱帯アジアの森林で見いだされ、長い歴史の中で改良されておいしい頼りになる食べものになったのである。

16-5●バナナ・トレーに盛られたごはん（フィリピン, ルソン, ヌエバビスカヤ）

17 ラテックス（ゴム樹脂・乳液）パラゴムの原産はアマゾン

私たちの生活を変えたパラゴム

樹木の樹皮に傷をつけると、透明あるいはミルクのように白い樹脂がでてくるものがある。樹脂はその性質から大きく、透明な樹脂（レジン）と白いゴム質の樹脂（ラテックス・乳液）に分けられる。ラテックスをだす樹木はパラゴムノキをはじめ、インドゴムノキ、サポジラ、ガターパーチャノキ、ジュルトンなどたくさんある。

ラテックスをだすものの中で、もっとも有用なものが一般にゴムノキと呼ばれているトウダイグサ科のパラゴムノキ（*Hevea brasiliensis*）である。パラゴムノキはもともとアマゾンの中流、パラ地方特産

17-1●パラゴムノキ（三枚葉の複葉）（シンガポール）

の樹木であった。この地域で得られたゴムの積み出し港がパラ、現在のマナウスであった。このためパラゴムと呼ばれるのである。

このパラゴムが私たちの生活を大きく変えた。先住民が防水のため屋根に塗っているくらいだったパラゴムが、生ゴムに硫黄を入れてゴムタイヤの製造に発展、自動車、そして飛行機のタイヤとして巨大な国際市場ができた。とくに、軍需物資としてきわめて重要なものとなったのである。一時、ここマナウスはパラゴム景気にわき、贅をつくしたオペラハウスがつくられたほどだ。

一八七六年、ブラジルからイギリス人ヘンリー・ウィッカムが密かにパラゴムノキの種子を持ち出し、ロンドンのキューガーデンで苗木を育て、それがシンガポール植物園に移植された。今でもこのパラゴムノキの老木がある。東南アジアでのパラゴムの生産の始まりである。アマゾンで天然のパラゴムノキからラテックスが採取されたのとくらべ、マレー半島に植えられたパラゴムノキはいわゆるプランテーションとかエステートといわれるもの、面積当りの生産量も大きかった。そのゴム採取の労働者をスリランカやインドから運んだのである。マレーシアにタミール系インド人の多い理由である。

ゴム採取は朝暗いうちに出かけ、ゴムノキの樹皮にV字形の傷をつける。これをタッピングという。傷からすぐにラテックスが濃い牛乳のようにしたたり落ちる。これを小さな

17-2●タッピングすると白い乳液（ラテックス）が流れだす（マレーシア，クアラピラ）

陶製のお椀、あるいは半分に切ったココナッツの殻で受ける。割り当てられた本数を薄暗い中、一人でタッピングし、元のところに戻り、今度は溜まっているラテックスを回収しないといけないきつい仕事である。

戦争と連動する価格

自動車メーカーのフォードなどは、もちろんアマゾンに同様な大きなプランテーションをつくったのだが、原産地では病虫害の発生などで成功せず、二〇世紀当初にはもうマレー半島でのゴム生産がアマゾンを上まわったという。マレーシアにはこの国の基幹産業であるパラゴム研究所がある。ここを訪ねたことがあるが、ゴムの価格表が印象に残った。価格が戦争の勃発ごとに大きく跳ね上がるのである。軍用車のタイヤなどへの需要である。

地域的にはまだ各地で紛争が続いているが、ベトナム戦争以後、大きな戦争のない比較的平和な時代にパラゴムの価格がじわじわと上昇している。何故だろうと質問したら、中国・インドなど開発途上国での自動車の普及・タイヤの需要増大もあるが、エイズ予防のためのコンドーム生産で需要が増大し、価格が上がるのだと説明を受けた。

17-3●どこまでもゴム林が続く（マレーシア，クアンタン）

現在ではマレーシアに代わって、インドネシアやタイなどでのゴム生産が増大している。それでもマレー半島を車で走ると、どこまでもパラゴム林が続く。時々、収穫したばかりのラテックス（生ゴム）を満載したトラックとすれちがう。その生ゴムの悪臭は強烈だ。吐き気がしてくる。野菜として食べる黒い大きなお豆のジリンマメ、でん粉生産のため干しているキャッサバとともに、私の嫌いな臭いである。

このパラゴムノキもほぼ三〇年でラテックスの出が悪くなる。改植が必要なのだが、多くはパラゴムノキを植えず、アブラヤシ園に換えている。伐採したパラゴムノキ材はラバーウッドと呼ばれ、机・椅子などの家具に加工され、それが輸入されている。一方、生産が増えているインドネシアのスマトラやカリマンタンへ行くと、植栽したばかりの広大なパラゴム林が広がる。人造ゴムができるにしろ、まだ天然ゴムの国際的な需要は大きいのである。

チューインガム

需要量ではパラゴムにはとても及ばないが、なじみのラテックスがある。チューインガムだ。チューインガムの原材料名をみると、甘味料・香料・増粘剤・着色料とともに「ガムベース」と書いてある。チューインガムは長時間の咀嚼にも、溶けないものでないといけない。現在では主成分の合成の酢酸ビニルに噛み心地をよくするエステルガム、弾力性をだすポリイソブチレンなどを加えたものがほとんどだ。

しかし、ガムには歯磨き、眠気・喉の渇き、口臭防止、風船ガムなどたくさんの種類がある。コーヒーを混ぜても酢酸ビニルではすぐに味が抜けてしまう。このため、どうしても天然ガム(ガムベース)を混ぜないといけないらしい。一般にチクルと呼ばれている南米のアカテツ科のサポジラ(*Achras zapota*)やキョウチクトウ科のソルバ(*Couma macrocarpa*)、そして東南アジアのジュルトン(*Dyera costulatus*)からのラテックスを加えるのである。

17-4●干される生ゴム（タイ，ラノン）

サポジラとはタイでラムット、マレーシアでチク、インドネシアでサウォ、フィリピンでチコなどと呼ばれる南米原産の卵形の甘ったるい果物である。民家のまわりにもよく植えているが、枝を折ると確かに白い乳液がでてくる。南米からソルバやサポジラが、インドネシアからはジュルトンからのラテックスがチューインガム原料として輸入されている。

ジュルトンはキョウチクトウ科の樹木で、高木になるが板根はもたない。タイ南部から、マレー半島、ボルネオに分布する。小さいときは枝を何段かに水平にだすモモタマナ（テルミナリア）分枝と呼ばれる特徴ある樹形を示す。樹皮に斜めの傷をつけ、滲出するラテックスを採取する。スマトラ南部が主生産地で、ここからのジュルトンがシンガポールで精製され輸入されている。日本チューインガム協会によれば、最近のチューインガムの生産量は一年間に四万四〇〇〇トン、一八八一億円の売り上げだという。虫歯予防に効果があるとされるシラカバからとれたキシリトールなどを入れた機能性ガムがヒットしているのである。

ゴム質の乳液であげたいものが、もう一つある。これも馴染みのない名前だが、ガターパーチャノキ（グッタペルカ）(*Palaquium gutta*) である。本種はアカテツ科の樹木、東南アジアの原産で同属の数種の樹皮に傷をつけるとパラゴムと同様、可塑性のゴム・ラテックスが得られる。実は裸電線に代わって、このガターパーチャで被覆した絶縁電線が発明され、急激に需要が増えたのである。一八五〇年にドーバー海峡の海底電線が敷設されたあと、大西洋横断ケーブルなど、二〇世紀初頭には通信用の

17-5 ジュルトンの大木（クアラピラ）

海底ケーブルが地球上に張り巡らされ、情報の迅速なやり取りが可能になった。また、ゴルフボールはもともとこのガターパーチャのゴムからつくっていたという。

しかし、戦後、電線被覆はビニール・プラスチックなど化学合成品にとって代わられ、その需要は急激に減退し、現在ではガターパーチャは歯型をとるなど歯科医療で使われているだけだと聞いた。

18 樹木野菜 樹木の花・葉・実が野菜に

市場から暮らしがみえる

民の暮らしを知るには市場をみることだといわれる。東南アジアの市場を覗いて、そこで売られる野菜の種類の多いことにまず驚く。それも場所や季節ごとで大きくちがう。いつ行っても、はじめてみるものがある。ナンバンギセルの花やネナシカズラなどもみた。とくに興味を惹かれたのが樹木の花・葉・果実（種子）がたくさん並んでいることだ。

ご存知のない樹木の名前があるかも知れないが、グネモンノキ（グネツム）の葉や果実、シロゴチョウ・インドセンダン・タガヤサンの花、ネジレフサマメ・ジリンマメ・タマリンドの豆、アマメシバ・

18-1●インドセンダンの花（タイ，チェンマイ）
18-2●売られるタマリンド（タイ，サラブリ）

ワサビノキ・マンゴー・カシューナッツノキの葉、ソリザヤノキのさやなどである。タマリンドはマメ（さや）とともに、若葉や花も野菜として売られている。

ジャックフルーツ（パラミツ）（*Artocarpus heterophyllus*）の大きな実はフルーツでもあり、野菜でもある。未熟の果実を種子ごと刻み、スープに入れる。インドネシアではこれがごく日常のスープ（サユール・アッサム）の素材に、フィリピンでもシニガンと呼ぶスープに入っている。小型のパンノキ（*A. altilis*）も同様に未熟のものを刻んで野菜として利用する。これらのスープ、多くの人が味わっているはずだが、具が何だったのかわからなかったであろう。日本にもタラノキ・コシアブラ（ゴンゼツ）などの樹木の葉が山菜として市場に並ぶが、それは春の一時のことである。東南アジアでは、それらが一年中、市場に並び食べられている。

東南アジアといっても、一年中雨の降るマレーシア・インドネシアなど湿潤（島嶼）域といわれるところと、はっきりした乾季をもつタイ・ミャンマー・ベトナムなどモンスーン（大陸）域といわれるところでは大きく異なる。グネモンノキ・アマメシバ・キャッサバの葉、あるいは調味料としてのクミリと呼ばれるククイノキやクルアックと呼ばれるパンギノキ（*Pangium edule*）のナッツなどは湿潤域でよくみられる。

一方、シロゴチョウ・インドセンダン・タガヤサンの花、パク・チャオーム、ワサビノキの葉、ソリザヤノキのさやなどはモンスーン域で普通のものだ。タマリンドのさや、ネジレフサマメ・ジリン

18-3●ソリザヤノキのさや（チェンマイ）

マメのマメなどは東南アジア全域で広く利用されている。シロゴチョウの花やソリザヤノキのさやなどは、バンコクの大きなスーパー・マーケットでもみた。

パク・チャオーム（*Acacia insuavis*）はマメ科の樹木、葉は羽状複葉で火炎樹の名をもつホウオウボク（フランボヤン）に似ている。嫌いな人の多い香菜（コエンドロ・コリアンダー）（*Coriandrum sativum*）と同じようにカメムシの臭いがするが、これをオムレツにまぜると不思議にカメムシ臭がなくなりいい香りになる。タイで私がおかゆと一緒に注文する一品だ。

苦いインドセンダンとソリザヤノキ

熱帯地域の先住民、それも狩猟採取民と呼ばれる人たちは、それこそ森の中から、衣食住の材料すべてを得ているのだから、さまざまな植物を採取・加工し、食べものとして利用している。それは食べられる植物を識別でき、それらがいつ、どこへ行けば採取できるかという知識をもっているということだ。その知識が継承されているということでもある。

フィリピン、ミンドロ島のハヌノー族は驚くなかれ、一六〇〇種もの植物を識別していたというし、タイ北部のルア族は九六九種もの植物を採取してきたが、そのうち二九五種を食糧、一二三種を薬用として利用しているといった報告がある。

狩猟採取民と呼ばれる人々はもう多くないはずだが、農業の傍ら、近くの森に入り、果物（フルーツ）・野菜・キノコ、あるいはけものや昆虫などを採取している人々は多い。日常の食べもののかなりの部分を森から得ている人から時々利用する人まで、その度合いは大きく異なるが、先にも述べたように、どれが食べられるかどれが毒か、山へ行けばいいのか川の近くへ行けばいいのか、どの季節に行けばいいのかなどの、豊富な知識をもっている。食用にされる植物はたくさんあるはずだ。森の中で採取されたものの一部が田舎の市場にでることがある。

東南アジアでは樹木野菜を含め野菜を生食することは少ないが、ギンネム・コブミカン・ベルノキなどの葉を生で食べる。パンヤ（*Bombax malabricus*）の花は干して、タイでカノムチンというそうめんのつゆに入れる。タイ北部ナーンの名物だ。ナーン川畔にいくつかあるレストランで味わうことができる。ソリザヤノキのさやは生のまま、あるいはゆでて細く切りサラダに添え、また花には肉を詰めて蒸す。インドセンダンの花やソリザヤノキのさやはきわめて苦いものだが、タイやミャンマーの人たちはこれを好んで食べる。

最近、ダイエットに効果があるとされるアマメシバ（*Sauropus androgynus*）の粉末を多用していた人が気管支障害を起すことが報道されたが、このアマメシバはマレーシアでチュクップ・マニス、ジャワでカトゥック、タイでパク・ワーンなどと呼ばれ、東南アジア各地でよく家屋周辺にも植えられ、日常的に食べられているものだ。ラーメンにも入っていることがある。生では問題ないが、粉末、それも多用するとよくないということだろうか。

輸入されているタマリンドの種子

タマリンド（*Tamarindus indica*）のさやの中で種子を囲むすっぱい果肉は調味料だといったが、このほかにもコブミカン・アムラタマゴノキ・ベルベットタマリンド・マメアデク・ユカン・ミロバラン・ナガバノゴレンシ、さらにはグアバなどすっぱい果実が、同様に調味料に使われる。とくに、タマリンドは東南アジア全域で使われている。

タイのスープ「ゲエン・ソム」、インドネシアのスープ「サユール・アッサム」、マレーシアのスープ「ラクサ・アッサム」、フィリピンのスープ「シニガン」など、いずれもタマリンドの果肉を溶かし、酸味をだしたものである。このタマリンドのペースト・ピューレが先進国にも輸出されている。タマリンドの原産地はインド・東アフリカだとされるが、その食品としての有用性から古くから東南アジア全域に伝播したのである。インドネシアにはアイル・アッサムというタマリンド・ジュースがあった。

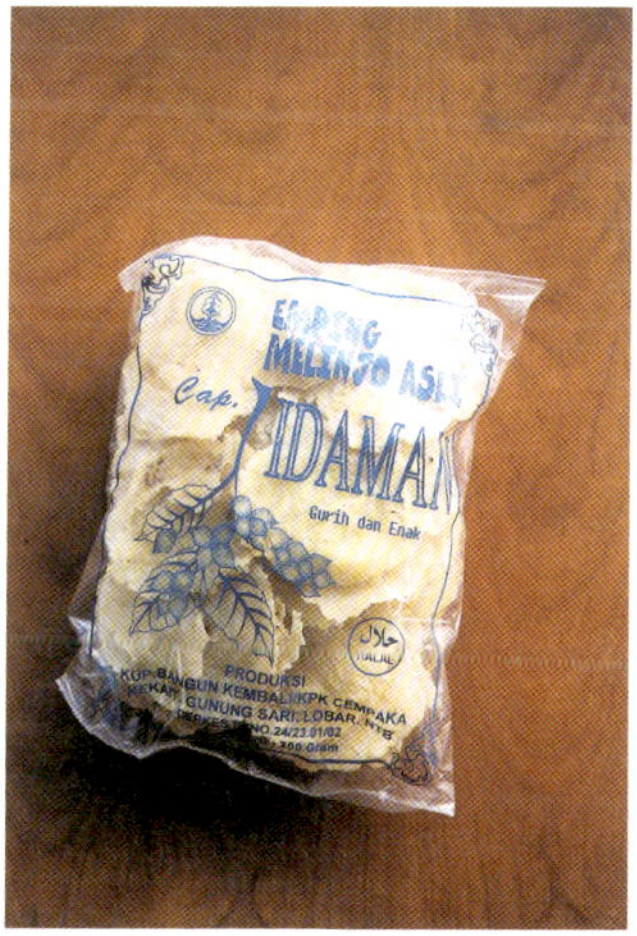

18-4●グネモンノキの実（インドネシア，ボゴール）
18-5●エンピン・ムリンジョ

実はこのタマリンドの種子も輸入されている。タマリンドの種子から蛋白・脂肪・臭気を抜いたタマリンドシード・ガムというものだ。主成分はグルコース・キシロール・ガラクトースなどの多糖類で、これがプリンのたれ、とんかつソース、焼鳥のたれ、佃煮類の増粘剤、シャーベットの安定剤、ママレード・ゼリー・羊羹などのゲル剤として多用な食品に利用されている。

インドネシアのガドガドという温サラダをご存知だろうか。インドネシア料理を代表するものだ。これにはクルプック・ウダン、あるいはクルプック・イカンと呼ばれるエビや魚の粉の入った大きなエビせんがついている。揚げるとかき餅のように大きく膨れるものだ。

このクルプック（エビせん）に似ているが、やや小形で少しにがいエンピン（ウンピン）と呼ばれるものがある。ワルンと呼ばれる小さな食堂のテーブルの上のガラス瓶にも入っている。バリ島の高級リゾートホテルの朝食のバイキングにもあった。これはグネツムノキ（グネモン）（*Gnetum gnemon*）の種子を潰し、干したあと揚げたものだ。トウガラシを混ぜたエンピン・パダスというのもある。ビールのおつまみに好評だ。臭いジリンマメの豆を潰したクルプック・ジェンコールというものさえある。

タマリンド・ネジレフサマメ・ジリンマメの豆、インドセンダンやシロゴチョウの花、パク・チャオーム、アマメシバの葉、ソリザヤノキのさやなどは市場価値をもち、大きな需要がある。東南アジアでも自然食・健康食ブームの中で、これら野生・半野生の植物や樹木の葉や花の利用に関心が深まっている。多様な食材を確保・利用することは民族固有の食文化を守ることにもなる。

村落の周辺に、このような花・葉・果実が利用できる樹木を植えれば食糧になり、栄養不足を改善でき、市場に出荷すれば収入が得られる。樹木自体も大きくなれば、生活に必須の薪炭材として、また用材として利用できる。このことで村落周辺の森林の再生が達成でき、地域の生活環境を守ることにもなる。

19 果物（フルーツ）毎日ちがった味わいを体験できる至福

最大はジャックフルーツ

東南アジアへでかけて、うれしくなることの一つは果物（フルーツ）の種類が多いことであろう。毎日ちがった果物が味わえる。ホテルの部屋においてくれてある果物もうれしい。とはいえ、東南アジアといっても、果物は地域ごとで、また季節ごとで大きくちがう。とくに、雨の降らない長い乾季のある大陸部では、乾季と雨季で大きくちがう。品数はやはり雨季に多い。

地方の市場へ行くと、ときにみたこともないものがある。地域特産の生産量のきわめて少ないもの、あるいは野生・半野生のものを森の中から採ってきて売っているのである。こんな出会いを楽しみに

19-1●たくさんの果物　どれにしようかと目移りする（マレーシア，クアラルンプル）

しているが、多くは味は今一つ、すっぱいか渋いかだ。

現在では日本の大手スパーにもデパ地下にも、輸入のマンゴー、アボガド、レイシ（ライチー）、パパイアなどが並んでいる。東南アジアの市場へ行って顔なじみのものもあるが、初対面のものも多いはずだ。なじみのマンゴーにもバナナにもたくさんの品種がある。すでにドリアンとバナナは紹介したので、ここではその他のフルーツについて紹介する。

かたちの多様さにも驚くが、色の派手さも印象に残ろう。原色の赤のランブタン、レンブー（フトモモ）、ドラゴン・フルーツ、黄色のマンゴー、ランサー、スターフルーツ、緑のアボガド、グアバなどだが、それぞれの品種ごとでもかたちや色がちがう。

東南アジアでもっとも大きな果物は、最大六〇キログラムを越すといわれるジャックフルーツ（パラミツ）だ。こんな巨大なものが枝先につくはずがない。果実は幹の下部、あるいは地際につく。ときには地面にごろんと横たわっている。これに似たコパラミツの果実は細長く小さいが、数はたくさんつく。このジャックフルーツをはじめ、熱帯には幹や太枝に花がつき、そこに実をつけるものが多い。これを幹生花（果）という。クワ科のイチジクの仲間を始め、ドリアン、パパイア、ランサー、スターフルーツ（ゴレンシ）、そしてチョコレート・ココアのもとカカオなどがそうだ。このことはドリアンのところでも述べた。

19-2●最大 60 キログラムにもなるジャックフルーツは地上へ横たわる（タイ，コンケン）

中南米原産のフルーツも多い

東南アジアの市場に並ぶたくさんの果物、みんなこの地域特産のような顔をしているが、実は東南アジア・熱帯アジア起源のものは先に述べたジャックフルーツ、コパラミツ、ドリアン、ランサー、スターフルーツ（ゴレンシ）、マンゴー、マンゴスチン（ガルシニア）、ランブタン、バナナ、リュウガン（竜眼）、レイシ（ライチー）、ズク、レンブー（フトモモ）、ミズレンブー、マレーフトモモ、サラッカヤシ（サラカ）、ココナッツ、パンノキ、そしてポメロ（ザボン）やライムなど柑橘類などである。果物の女王とされるマンゴスチンはマレー半島原産だ。濃い紫の厚い果皮を横から割るとミルク色の仮種皮がミカンの房のように並んでいる。上品な香りとさっぱりした味は万人向きだ。誰もがおいしいという。

アボガド、グアバ、サポジラ、パイナップル、パパイヤ（パパヤ）、シャカトウ（バンレイシ）、トゲバンレイシ、チェリモヤ、パッションフルーツ（クダモノトケイソウ）、アセロラ、そして最近急にでまわってきたドラゴン・フルーツなどは中南米（熱帯アメリカ）の原産だ。私たちが知っているグアバは表面は白、中がピンク、それも芳香を放ち次第に柔らかくなるが、東南アジアのものは緑色でザクロのように大きくて硬い。とてもグアバとは思えないものだ。タイではこのグアバのことをファ

19-3●ドラゴン・フルーツはサボテンの実だ（ベトナム，ハノイ）

ランというが、中でもこの大きなグアバをベトナムと呼ぶ。ところがインドネシアでは、これをバンコクと呼んでいた。これが伝わってきた場所を示すのだろうか。

おいしそうなカキ、ザクロ、ブドウ、ナシなどもあるが、これらはヨーロッパやアジア北部が原産である。リンゴもある。中国やアメリカ・オーストラリアなどからの輸入ものも多いが、インドネシアでは東ジャワの高原都市マランがリンゴの産地だ。小さなリンゴをみんなおみやげに買っている。

トウガラシをつけて食べる

タイでは青いマンゴー、チョンプーと呼ぶフトモモ、ソムオーというザボンやグアバに砂糖とトウガラシの粉を混ぜたものをつけて食べる。スイカに塩をつけるように塩はわかるが、砂糖とトウガラシをつけるのはなじみがない。それぞれのもつおいしさを味わえばいいのだから、トウガラシはつけなくてもいいのではと思うが、これは好みだ。どちらがいいいか、ご自分で判断していただこう。

ヤシの実もやはりフルーツの扱いだろう。未熟のココヤシの実、いわゆるココナッツの

19-4●売られるニッパヤシの実（タイ，ラノン）

ジュースを飲むし、パルミラヤシ（オオギヤシ・ウチワヤシ）（*Borassus flabellifer*）、ニッパヤシ（*Nipa fruticans*）、サトウヤシ（*Arenga pinnata*）の果実の中の寒天状の胚乳も食べる。かたちを何とも表現しようのないのがサラッカヤシ（サラック）（*Zalacca edulis*）である。大きさは五センチくらい、やや先の尖った卵形、それを光沢のあるヘビのうろこのような外皮が覆っている。ときに渋いものもあるが、甘いものに当たるとうれしい。これはタイには少なく、マレーシアやインドネシアに多い。

リュウガン、ズク、ランサー、ロンコンなどは生臭いという人もいる。タイでラムット、インドネシアでチクと呼ばれるサポジラは、ラテックスで述べたように、その乳液はチューインガムの原料だが、果物でもある。後熟させると黒砂糖を混ぜたように甘い。甘党の私の好きなものだが、甘ったるいとこれに手をだしてくる人は少ない。

村のまわりや道路沿いに、捨てられた種子からはえてきたのだろうか、いろんな果物がなっている。タイならブッサー（プッサー）と呼ばれるインドナツメ（*Zyzyphus mauritiana*）、実の小さく硬いファランと呼ぶグアバ、マヨムと呼ばれるアメダマノキ（*Cicca acida*）やマカム・ポンと呼ばれるユカン（*Emblica officinalis*）、さらにはタコップ・ファランと呼ばれるナンヨウザクラ（*Muntingia calabura*）などだ。インドナツメにはリンゴのように丸いものと先の尖った紡錘形のものがある。ナンヨウザクラはメキシコ原産だが、東南アジアに広く野生化している。実のつく時期になると、下校途中の子どもたちがここで道草を食っている。

19-5 ヘビの鱗に覆われるサラッカヤシ（サラック）の実（インドネシア，ボゴール）

たくさんある果物を少しずつ食べてみたいが、ホテル泊まりではたくさん買っても食べきれないし、おまけに一キログラムいくらと書いた秤売りでは、買うことが躊躇されよう。しかし、遠慮することはない。こちらはお客だ。ポリ袋をもらって、食べてみたいものを食べられるだけ入れ、「これでいくら」といえばいい。少々高くはつくだろうが、いろんな果物の味見ができるし、食べ残しも少ない。とはいえ、あるときなど、せっかく少しずつポリ袋に入れたのに全部ひっくり返された。怒って帰ろうかとふくれていると、品物ごとに秤にのせ、それぞれの料金を計算してくれた。正直な店であった。

熱帯雨林はもっとも多様な植物が分布するところである。そこを原産とする果樹がたくさんあるし、さらに改良すればおいしい果物（フルーツ）

になる候補がまだたくさんあるらしい。

20 木の葉の皿と椀　環境にやさしい非木材林産物

代表はバナナの葉

ポリ袋・プラスチックトレーの普及が急ピッチで進んでいるとはいえ、東南アジアでは、まだいろいろな植物の葉が食器代わり、包み紙代わりに使われている。中でもバナナの葉は大きく、表面が平滑で、さまざまなサイズに切って使われている。バナナのあるところ、どこの市場を覗いても四角く切ったバナナの葉の束がある。もち米でつくったちまきの大きなものはバナナの葉、小さなものはココヤシの葉で包んでいる。市場でふかしながら売っているが、バナナの葉の方は黒く変色している。

このほかにも、いろいろな樹木の葉が包み紙代わりに日常的に使われている。インド東部、カルコタ（カルカッタ）ではサラソウジュ（沙羅双樹）（*Shorea robusta*）の葉でつくったお皿やお椀がたくさん売られている。サラソウジュとはご存知のように釈迦がこの木の下で入滅されたとされ、インドボダイジュ（印度菩提樹）・ムユウジュ（無憂樹）とともに仏教の三大聖木とされるものだ。この地方ではサラソウジュはごく普通にでてくる樹木なのである。

サラソウジュの皿にはいくつかのサイズがある。もっとも大きなものは直径四〇～五〇センチ、一〇枚以上の葉を中心から外へ並べ、その隙間に横向きに葉を配置し、隙間を埋め、葉がずれないように細く裂いたタケで何ヵ所もとめている。もっともよくみるのが、直径三〇～三五センチ、六枚の葉を周囲に、すなわち葉先と葉柄が重なるように配置し、まん中の穴のあいたところには、裏から二～三枚の葉を縦・横にならべ、隙間をなくしたものだ。この二つのサイズの大きな皿にはミカン・グアバなどの果物をのせて売っている。

お椀というのは二枚の葉を十文字に重ね、それを内側に曲げ、深みをもたせたものだ。器からとびだした葉先は内側に折り曲げている。これも細く裂いたタケで何ヵ所かをとめている。これにはたこ焼きのようなスナックや焼いたり揚げたりした食べものを入れている。たった一枚でも使っている。私が注文したゆで卵もこのサラソウジュの葉の上にのせて、塩・コショウをかけてくれた。

これだけ使われているということは、またそれだけたくさん捨てられるということだ。使ったあと路上に捨てられた葉だけでも相当なものだった。少々汚いと思ってみていたのだが、朝になると路上

20-1●サラソウジュの葉の皿（インド，ランチィ）
20-2●売られるサラソウジュの葉のお皿とお椀（ランチィ）

はきれいになっていた。実は昼間ビクともせず通りに寝そべっていたコブウシが、夜の間にこの泥んこのサラソウジュの葉を食べていたのである。

タイ・ミャンマーではヤーン・プルアン（イン）

タイでヤーンプルアン、ミャンマーでインあるいはインペットと呼ばれるフタバガキ科樹木（*Dipterocarpus tuberculatus*）の葉がお皿がわり、包み紙代わりによく使われている。タイ北部ではこの葉で魚や肉、コオロギ・カイコの蛹などの食用昆虫を包んでいる。ここには納豆や納豆をつぶしてせんべい状にしたものがあるが、これもヤーン・プルアンの葉で包んでくれた。

ミャンマーではもっと普通にこの葉が使われている。それだけに国道沿いでよくこの葉の束を売っている。一束は七〇〇枚単位だという。なぜ七〇〇枚なのかわからなかったが、これがたった二〇〇チャット（約八〇円）だった。

ミャンマーの首都ヤンゴンと旧都・遺跡の町バガンの中間のピエイ（旧プローム）におもしろいお菓子があった。フタバガキ科樹種インのかたちをしたものだ。おまけにちゃんと葉脈までついている。これをタユット・ピンというらしい。このお菓子はマンゴーをつぶして網で濾し、これに砂糖を加え

20-3●道路わきで売られるイン（インペット）の葉（ミャンマー，ピエイ）
20-4●マンゴー菓子　タユット・ピン（インの葉とそっくりだ）（ピエイ）

て熱し、濃いマンゴー液をつくる。これを油をひいたインペットの葉の上に垂らして薄く延ばし、重ねて二日間放置、そのあと葉からはずすらしい。両面にインの葉脈のかたちが残っている。というより、インの葉そっくりだ。これをつくるのには品質の悪いマンゴーを使うらしい。残念ながら味はもう一つだった。

チークの葉は大きく、先のヤーンプルアンやインに似ているのだが、タイやミャンマーではこれは包み紙代わりには使わない。チークにくらべ破れにくいヤーンプルアン（イン）があるためだろう。ところが、インドネシアではこのチークの葉でごはんを包む。ナシ・ジャンブランというものだ。

落語にもでてくるように、インドネシア語では「人はオラン、魚はイカン、ごはんはナシ、お菓子をクエ」というが、ナシ・ジャンブランはジャワ海に面したチレボンに近いジャンブラン地方のナシ（ごはん）ということである。生のチークの葉を縦横に二枚重ね、この中にごはんを入れただけのものだった。これにタフ・ゴレン（揚げ豆腐）、テンペ・ゴレン（揚げ納豆）、イカン・アシン（塩魚）などをのせ、サンバル（トウガラシのペースト）を適当につけて食べる。チークの葉ににおいはない。チークの葉を包み紙代わりに使っているだけであった。チレボンへ行かれたら、捜してみたらいい。

インドネシア、それもボルネオ南部のカリマンタンでは、ダウン・シンポーという葉で魚や肉を包んでくれる。ダウンとは葉のこと、シンポーの葉ということだ。シンポーとは普通ビワモドキのことであるが、これはアカネ科のバンガル（*Nauclea orientalis*）だと聞いた。シンポーの葉の主脈を軸に折り

20-5● タイのホーモック（ヤエヤマアオキの葉の中にトウガラシの効いた魚のすり身が入っている）（タイ，バンコク）

20-6● ナシ・ジャンブラン（チークの葉に包んだごはん）（インドネシア，チレボン）

たたみ、これを重ね、上から一枚ずつとりながら包んでいる。この葉はかなり柔らかいもので、夕方にはもう縮れていた。

タイのホーモック

タイにホーモックという食べものがある。タイ語でホーは包む、モックは蒸すということだが、魚のすり身にいろいろなスパイス、ハーブ、トウガラシをまぜたものだ。ちょっと辛いが、蒸したばかりの熱々のものがでてくるのがうれしい。カイ・モッドデーンと呼ばれるツムギアリの幼虫の入ったホーモックも食べたことがある。

ホーモックはタイ語でヨーあるいはヨー・バーンと呼ばれるヤエヤマアオキ（*Morinda citrifolia*）の葉を四角くしたものに入っている。この外側をさらにバナナの葉が囲んでいることもある。とくに芳香がするとは思えないが、ホーモックにはこのヨーの葉を使う。最近ではヨーの葉のかわりにアルミ・フォイルを使うところもでてきた。ホーモックはごく普通の食べもの、注文すればでてくるだろう。このヤエヤマアオキはポリネシアなどでノニと呼ばれ、免疫力を高めるとかいわれて、この果汁の入ったノニ・ジュースが健康飲料として売りだされ、最近よく新聞広告にでている。

タイではもう一つ、バイ・トーイと呼ばれるニオイパンダナス（*Pandanus odoratissimus*）の葉で鶏肉を包み焼きにしたガイ・バイトーイが美味しい。これはいい移り香が楽しめる。このニオイパンダナスの葉はごはんを炊くときにのせたり、小さく切って冷たい水にいれ、香りをよくするのにも使われる。

ヤシの未展開の葉をていねいに編んだ小さなかごも、ここで紹介した方がいいだろう。バリ島ではバリ・コーヒーや天然塩がいいお土産だが、これがロンター、ロンタル製と呼ばれるきれいなかごに入っている。かご自体が欲しくなるかも知れない。このロンターというのはタラパヤシのことだが、ココヤシやパルミラヤシなども使っているようだ。

インドではサラソウジュ、タイ・ミャンマーではヤーンプルアン（イン・インペット）などの葉がお皿・お椀、包み紙代わりに大量に日常的に使われている。ということは、これら木の葉を生産する森林が維持されているということだ。これらは大木にもなる。木材・薪炭として利用するとともに、木の葉にも商品価値をみつけている。木の葉も非木材林産物の一つとみていい。木の葉の生産林をつくってもいいということだ。

また、木の葉はすぐに腐って自然に還ってくれるもの、ごみ処理・環境保全からも利点がある。しかし、かさばらないこと、水をもらさないことなどから、東南アジアでもポリ袋・ビニール袋、そしてプラスチック・トレーが急速に普及している。

木の葉のお皿にもう少しがんばって欲しい気がする。

21 芳香を添える植物からの香料 熱帯の香り・におい

香り・においの好みは人それぞれ

香料（エッセンシャル・オイル）とは食品や化粧品などに芳香を添えるための物質をいう。香水にもたくさんの種類があるが、人、それぞれ好みがちがうからだ。ドリアンもそうだが、東南アジアに好きと嫌いの両極端に分かれるにおいがある。タイでパクチーと呼ばれる香菜（胡菜）・コエンドロ（コリアンダー）（*Coriandrum sativum*）である。

タイの有名なスープ、トムヤム・クンはもちろん、麺類、焼めし、おかゆ、魚料理、サラダ、何にでもこのパクチーが入ってくる。大きく切ったものはお箸でとりだせるが、焼めしなどに刻まれて入っ

21-1●パクチー（カメムシソウ）（ランパン）

ているときは、とても取りだせない。嫌いな人にとっては耐え難いにおいらしく、食欲がなくなるとさえいう。嫌いな人には「マイサイ・パクチー（パクチーを入れないで）」が、必須のタイ語だという。嫌いな人の間ではこの香菜はカメムシ草で通るらしい。最近出版されたハーブ図鑑にもカメムシソウとでていた。

パクチー大好き人間で、自分でもこれをプランターでつくっているくらいだから、このパクチーの嫌いな人の気持ちがわからない。カメムシのにおいではないとだけはいっておこう。香菜（パクチー）は地中海が原産だが、東南アジアではどこでも普通だ。香菜からは逃げられない。

香菜ほどポピュラーではないが、中国の四川省・雲南省から、ベトナム、そして北タイまで、何とあのドクダミの葉や根を食べる。干してにおいのないドクダミ茶ならまだしも、あのくさいにおいが好まれるのである。四川省・成都の高級レストランでもドクダミの葉がお皿に山と積まれてでてきた。これで肉や魚を包んで、あるいはそのまま生野菜として食べるのである。ドクダミの根はこれも料理に入れる。根は硬くて食べられないが、香りを楽しむのである。ベトナムやタイ北部でも、この葉がでてきたが、ここでは肉や魚を包まずそのままで食べていた。

レモングラスとイランイラン

ハーブの利用はバジル・ミントのように料理に使うもの、ラベンダーのようにポプリ・ドライフラワーなど暮らしに潤いをもたらすもの、カモミール（カモマイル）など薬用・アロマセラピーなど健康増進に使われるもの、ローズのように石鹸・入浴剤の香料、そして花を楽しむ園芸などの用途があるが、東南アジアでのハーブといえば、やはりレモングラス（*Cymbopogon citrctus*）だろう。葉にレモン（シトラール）の香りがあり、タイのトムヤム・クンにも香味料として根元の太いところが入っている。香水・石鹸・化粧水の原料になり、アロマセラピーに使われる。どこの庭先にも植えられている。

このレモングラスに似てもっときつい香をもつのが、シトロネラグラス（コウスイガヤ）（*C. nardus*）だ。レモングラスとは芳香成分がちがい主成分はゲラニオール・シトロネラールだというが、この方は料理には使わないようだ。それだけに防虫効果があり、蚊よけとして家のまわりに植えたりする。

植物の種数の多い熱帯には花、葉、果実あるいは樹皮にいい香りのする成分を含んでいるものがたくさんある。温帯のものがいわゆるハーブといわれるように、一年生あるいは多年生の草本が多いのに、熱帯では樹木が多いのも特徴だ。

もっともなじみの樹木の花が、ジャスミン・ティに入っているマツリカ（ジャスミン・茉莉花）（*Jasminum*

sambac）だろう。フィリピンの国花でサンパギータと呼ばれる。糸にマツリカの花を通したレイが観光客の首にかけられ、自動車のフロントに飾られて安全を祈る。マニラの大きな通りの横断歩道で車が停車すると、子供たちがこのレイを売りにくる。タイではマリと呼ばれ、やはりこのレイをよくかけてくれる。

イランイラン（*Cananga odorata*）はバンレイシ科の小高木、東南アジアの原産であるが、現在では熱帯地域に観賞用として広く植栽されている。英名もイランイランであるが、これはフィリピンでの呼び名からきているようだ。インドネシアでカナンガ・ワンギ、マレーシアでカナンガなどと呼ばれる。六枚の花弁は五〜七センチの黄緑色で、垂れ下がっている。軽い、いい香りがする。樹木自体には特徴はないのだが、ブーゲンビレアやハイビスカスなど原色の花の中で、この黄緑の花はそれだけの存在感を示す。

この花の在りかに気づくようになれば、きっと近づいて鼻をつけてみるはずだ。ジョクジャカルタの仏教遺跡ボロブドールの参道の中央の花壇にも、このイランイランが続く。シンガポール、セントーサ島の「香りの道」にももちろんあった。バリ島のホテルでのこと、いい香りがする。何の花を置いているのだろうと、トイレや室内をみてみるがとくに何もおいていない。山村の狭い庭先にあったイランイランの一輪をとり、私が手帳に挟んできたものからだった。

この花を蒸留してミニヤック・イランイラン、すなわち香水（イランイラン・オイル）をつくる。鎮

21-2●イランイランの花（インドネシア，ジョクジャカルタ）
21-3●イランイラン・オイル（インドネシア，バリ）

静作用があるとされ、アロマセラピーでは沈静・リラックス効果を高めるオイルとして活用されるという。寝つきの悪い人は試してみられるといい。バリ、デンパサールの空港にも、スキン・ローション用とアロマテラピー用のきれいな小瓶がたくさん売られている。

日常生活の中の香り

カユプテ（*Melaleuca leucadendron* = *M. cajuput*）はマレーシア・インドネシアでカユプテ（プティ）、ボルネオではガラム、タイでサメッ、中国では白千層などと呼ばれるが、熱帯アジアからオーストラリア北部のマングローブ後背地、とくに湿地に広く分布する。樹幹に薄い白い樹皮が何層にも重なっている。それがシラカバのように薄く剥げる。マレーシア・インドネシア名のカユは樹木、プテは白いということ、白い木ということだ。中国名の白千層も薄く剥がれる樹皮をよく表現している。

なお、最近の研究ではベトナム・タイなど大陸部のものをカユ・プテ（*M. cajuput*）、インドネシアなど島嶼部のものをガラム（*M. leucadendron*）と別種とした方がいいという。ベトナム・タイのものは芳香成分シネオールの含量がずっと少ないらしい。

カユプテはマングローブの後背地や湿地にあるといったので、近寄りがたいところにあるものと思

21-4●カユプテ·オイル生産のため刈り取られたカユプテ（インドネシア, ジャワ・ポノロゴ）

21-5●ミニャック・カユプテ（カユプテ・オイル）

われるかも知れないが、インドネシアでは中部ジャワのスカルノ元大統領の出生地ブリタールなどには、このカユプテが街路樹として植えられている。ジョクジャカルタに近いポノロゴやマディウン周辺にはカユプテ・オイル生産目的のための広大なカユプテ林が広がる。毎年、新しくでてきた枝と葉が切り落されるので盆栽のような樹形になっている。

樹皮が白いことが特徴だが、ブラシノキ（カリステモン）（*Callistemon* spp.）に似た細い葉をむしってみれば、この樹木への印象はまったくちがったものになる。葉に芳香成分シネオールが含まれている。いわゆる柑橘系の香りだ。オーストラリアのユーカリに近縁で、花も白いもののブラシノキのそれとよく似ている。

インドネシアではこの精油をミニャク・カユプテといい、中国名は白樹油だ。カユプテの葉一トンから一一・七リットル（一〇・五キログラム）の精油カユプテ・オイルが抽出できる。インドネシアの林業統計によればカユプテ・オイルの年生産量は一八〜二一万リットルで、主として香港・台湾に輸出されている。このシネオールは主として外用鎮痛薬にも使われている。シンガポールや香港のおみやげとして定番であったタイガーバウムにも入っている。チューインガムにも清涼剤・香料として入っているし、石鹸にも香料として入っていることがある。

暑いところなのに東南アジアの人はよく風邪をひく。鼻づまりをよくするためとかで、タイでもインドネシアでも、よくこのカユプテ・オイルを鼻の穴に塗っている。インドネシアでは満員のベモ（インドネシアの小型乗り合いバス）の中の汗のにおいに混じって、いつもこのカユプテ・オイルの香りがする。ハンドバッグの中に、この小瓶がいつも入っているようだ。カユプテ・オイルは街中のキオスクにも空港の売店にも売っている。

東南アジアの多様な香りの中に、ジャスミン、イランイラン、そしてカユプテの香りが確実に存在する。

22 蜂蜜・蜂の子・蜜蝋 森林あっての贈物

インドネシアではマドゥ、タイではナーム・プン

ミツバチ類の巣に貯えられている蜂蜜（ハニー）は甘味料、あるいは滋養・薬用として、世界各地で古くから利用されてきた。この蜂蜜とともに、巣の中の幼虫、すなわち蜂の子も貴重な蛋白源であった。野外からとってくるだけでなく、蜂蜜をもっと確実にとる方法、すなわち養蜂は古代エジプトにすでに確立されていたといわれる。

蜂蜜のことをインドネシア語ではマドゥという。おみやげ屋さんや空港の売店にも名産として売っている。どこでも森の中でミツバチの巣を探し、そこから蜂蜜をとっているはずだが、インドネシア

ではロンボク島の東にあるスンバ島・スンバワ島のものがおいしいという。インドネシアでも養蜂は盛んで、蜜源植物としてカリアンドラ（*Calliandra*）がたくさん植えられている。スンバ・スンバワの蜂蜜がおいしいというのは、セイヨウミツバチの蜂蜜でなく、野生のミツバチが自生の樹木の花から蜜を集めてくるためだろうか。

タイではミツバチのことをプン、蜂蜜のことをナーム・プンという。ナームは水のこと、「ミツバチの水」という意味だ。インドネシア・マレーシアでパッサール、タイでタラートと呼ばれる市場を覗くと、どこでもビール瓶などあり合わせの瓶に入った蜂蜜が売られている。ビール瓶だとわからないが、透明な瓶だと中が透けてみえる。どれも色が濃く、みた感じは汚い。ときにミツバチが浮いていたり、ごみもよく入っている。搾っただけで、十分に濾していないからである。それだけにまぜものが入っていない。

東南アジアには九種のミツバチがいるという。トウヨウ（アジア）ミツバチのグループに二種、オオミツバチのグループに四種、ヒメミツバチ（コミツバチ）のグループに二種と、養蜂のため導入されたヨーロッパ原産のセイヨウミツバチである。日本の野生ミツバチ、ニホンミツバチはトウヨウミツバチの一亜種である。

ヒメミツバチは小さな紡錘形の巣を潅木につくる。トウヨウミツバチは樹洞に円盤状の巣盤を何段かに重ねる。オオミツバチは大木の太い枝の下側や雨のあたらない崖などに、幅六〇センチにもなる扁平なあるいは半月形の大きな巣を何枚かぶら下げる。マレーグマなどに盗られないように、また雨があたらないところを選んでいる。大きな巣だけに、貯まっている蜂蜜の量は大量だ。

市場で売られているヒメミツバチの巣にはハエのように小さなヒメミツバチが飛んでいる。巣にくっついてきたものか、巣から羽化したものだ。ハチよけにネットをかぶせていることもある。これは紡錘形の巣をそのまま売っている。トウヨウミツバチの巣も円盤状の一枚の巣盤で、さらに大きなオオミツバチの巣は一〇センチくらいの四角に切って売っている。これを買って帰って自分で搾るということだ。フィリピン、ルソン島ではルクタンあるいはプクユタンと呼ばれる野生のハリナシバチの養蜂があるというが、私もまだみていない。

売られる蜂の巣

蜂蜜だけでなく、蜂の子のいっぱい詰まった巣も売っている。ミツバチの巣もあるが、スズメバチの巣の切り身もある。巣の中で口のまわりの黒い幼虫が動いている。蜂蜜たっ

22-1●市場で売られるヒメミツバチの蜂の巣（巣盤）（タイ，ランパン）

ぷりのものもあるし、入り口がふさがれ、ほとんどが終齢幼虫、さらには翅がはえ、大きな黒い眼をした成虫が入っているものもある。もちろん、蜂蜜たっぷりのものの方が高いが、蜂の子も人気だ。

とくにタイの市場では、幼虫の詰まった蜂の巣を炭火で焼きながら、売っている。生焼けのところの幼虫はもがいている。手で巣を崩しながら、指で幼虫をとりだし口に入れる。蜂蜜の残っているところは、蜜を吸う。幼虫も蜂蜜をたっぷり含んでいるので、噛むと甘いが、チューインガムのようなからだが残る。これもそのまま呑み込むしかない。

もっともたくさん蜂蜜を貯めるオオミツバチは先にも述べたように、大木の先端近くの枝に巣をつくる。それは東南アジアでもっとも背の高い樹木で、マレー半島でカユ・ラジャ（王様の木）、インドネシア、スマトラでメンガリス、ボルネオでタパンなどと呼ばれるマメ科のクンパッシア・エクセルサ（*Koompassia excelsa*）やフタバガキ科の樹木である。毎年、同じ木にいくつも大きな巣をつくる。こんなオオミツバチが巣をつくる巨木をツアランと呼んでいる。インドネシア、ボゴール植物園でみんなが記念写真をとるフタバガキ科とクワ科の二本の巨木にもいつもぶら下がっている。

しかし、いくらたくさん蜂蜜が貯まっているといっても、ここまで登って蜂の巣をとるのは命がけの仕事だ。太い幹に等間隔に横向きに細い棒が打ち付けてあったり、電柱のステップのように縦に打ち付けてある。しかし、雨の多い熱帯林のこと、このはしご・ステップもすぐに腐る。巣の大きさをみて蜂蜜をとりに行くのだが、はしご・ステップも毎回補修する必要があろう。

22-2●スズメバチ幼虫とハーブのいためもの（タイ，ウドンタニ）

それも素人では無理だ。スマトラなどには蜂蜜とりのプロの集団がいる。巣がどこにあるかも知っており、木登りと蜂の扱いになれた人たちだ。スズメバチほどではないが、オオミツバチは凶暴である。それも数が多い。普通、蜂蜜とりはハチの活動の止まる夜に行なう。松明をもち巣の近くまで登ったあと、ハチを麻痺させるため植物の葉をいぶす。どんな葉をいぶすかは秘伝だ。スマトラの西、アンダマン諸島の先住民は煙をだしていぶすことはせず、ある種の植物の樹液を直接自分のからだに塗りつけるだけ、これでハチにはまったく刺されないという。長い歴史と経験から、麻痺させる、あるいは忌避にもっとも効果のある植物を探しだしているのである。

蜂蜜とりでは巣を根こそぎとってしまうようなことはしない。巣の一部を切りとるだけであとは残しておく。巣はすぐに修復され、また蜂蜜が採取できるのである。それも長い間隔をあける。

輸入される蜜蝋

トウヨウミツバチには巣箱をかける。日本でも和歌山県古座川・日置川上流域や対馬ではゴウラあるいはツチドウと呼ばれる切り株や丸太をくり貫いたものをおいて、ミツバチの営巣を待っている。東南アジアでもココヤシの幹を輪切りにしてくり貫き、両側にふたをしミツバチの営巣を待っている。これなら身近なところにおいておけ、営巣したかどうかいつも監視でき、蜂蜜好きのマレーグマなどの攻撃からも守れる。

私たちにはなじみの少ないものだが、蜂の巣自体も価値ある森の産物だ。蜂蜜をとったあと、あるいは蜂の子を食べたあと、蜂の巣をお湯につけると柔らかくなる。これを集め圧搾したものが、蜜蝋である。この蜜蝋は現在でもコールドクリームなど化粧品、医薬品、ロウソク（蝋燭）、クレヨン、靴クリームなど多様な用途に使われている。日本にも主としてアフリカ、中国、東南アジアなどから毎年約八〇〇トンの蜜蝋が輸入されている。

インドネシア・マレーシアのバティック（ジャワ更紗・蝋けつ染め）にも使われているともいう。タ

22-3●売られる蜜蝋（タイ，ノンカイ）
22-4●蜜蝋でつくられた蝋燭（チェンマイ）

イではこの蜜蝋が市場でも売られているが、これでロウソク（蝋燭）をつくるのである。とくに、七月の入安居の日にお寺に寄進する大きなロウソクは、村人が集めた蜜蝋でつくるという。

熱帯林の伐採あとに、ポツンと大木が伐り残されていることがある。芯が腐っているなど用途のないものもあるが、オオミツバチが巣をかける木だからである。しかし、この木だけ残しても、蜜源がない。まわりに樹木がなくなり、花蜜がなくなってはミツバチも生き残れない。ミツバチの巣のない大木が寂しげに立っている。

蜂蜜も蜜蝋も森の産物なのである。

23
森の動物産物 狩猟採集民と森の関わり

ツバメの巣も林産物

熱帯林からは多様な動物産物が生産される。吹き矢・弓矢、わな（トラップ）、さらには銃砲で捕獲されるけものや鳥類、トカゲ・ヘビなど爬虫類、そしてすでに述べた蜂蜜やラックカイガラムシの分泌物などがそうだ。タイ・ラオスの市場でよく売られている食用昆虫の多くも森の中から得られるものだ。インドネシアの林業統計をみると、林産物として「ツバメの巣」が、ミャンマーの林業統計には「グアノ（コウモリの糞）」があげられている。

東南アジアの森林産物でもっとも高価なものは、まちがいなく中華料理の食材の中でもとびっきりの珍味の一つ、燕窩湯（バードネストスープ）の材料のツバメの巣であろう。それにしても、ナマコやクラゲならまだしも、アナツバメの巣を食べることを思いついた中国人の食べものへのこだわりには感心する。

中華料理の本をみると、このアナツバメのことをウミツバメ、アマツバメ、あるいは単にツバメとしていることもある。アナツバメはアマツバメの仲間、ツバメとは姿・かたちはよく似ているが、類縁関係は遠いとされる。アナツバメ類は唾液腺が太く、大量の唾液をだし、この粘液で巣をつくる。ツバメの巣（バードネスト）をとるのは、主として小形のショクヨウアナツバメ（*Collocalia fuciphaga*）である。ボルネオ・マレー半島などの海岸の洞窟に巣をつくるので、「海藻を食べる」、「海藻を唾液で固める」などといわれているが、まちがいなく昆虫食だ。

実はこのアナツバメ、海岸の洞窟だけでなく、ボルネオ中央部の森林の中の石灰岩洞窟にも営巣する。海岸から九〇〇キロメートルも離れたところから、海岸まで毎日海藻を食べに行くはずがない。こんなところは国有の森林だ。ツバメの巣採りに税金がかけられ、それが林業省の収入になる。森林産物になるというわけである。ミャンマーのグアノも同様だ。国有林の中にコウモリ洞があり、糞が肥料として利用される。その糞（グアノ）が、林業省の収入、林産物として取り扱われるということである。

このツバメの巣のスープ、日本なら高級中華料理店でないと、それも覚悟して注文しないといけな

23-1●市場で売られるカメムシの串刺し（ラオス，ビエンチャン）

いだろう。東南アジアの中華料理店では伝票を心配しないで食べられる。バンコクでは街角の屋台店で味見ができる。

多様な動物産物

インドネシアの林産物統計には、「絹糸」も入っている。日本なら、これは農業統計に入れられるものである。これも国有地などにクワを植栽し、カイコを飼って絹糸を生産していることによる。ジャワ東部やスラウェシ（セレベス）に国営のクワの植栽地、絹糸の生産地があった。インドなどではヤママユガの仲間、エリサン（蚕）、ムガサン、タッサー（タッサールサン）などを野外の樹木にくっつけて半飼養している。これなどはやはり林産物の扱いでいいであろう。

インドネシアやマレーシアでの朝の目覚めはニワトリの時の声とラウド・スピーカーから流れてくるコーランだ。ニワトリの鳴き声が聞けるのは田舎のことと思われるかも知れないが、東ジャワのスラバヤや中部ジャワのジョクジャカルタなどでは、街中の大きなホテルでもニワトリの鳴き声が聞ける。

ホテルや官庁の玄関に一対のニワトリ小屋があるはずだ。小屋といっても三本脚で立つ六角形の屋

23-2●ツバメの巣のスープ売り（タイ，バンコク）

根をもつ高さ二メートルにもなる大きなもので、中には総チーク造りの立派なものもある。夕方になると、シーツで覆っていることが多い。この小屋の中にいるニワトリをアヤム・ブキサールという。日本なら時の声のいい長鳴鶏といわれる東天紅・声良鶏といったところだろう。朝、大きく時をつくらせるのである。

ジャワには野生のニワトリ、セキショクヤケイ（アカイロヤケイ）（赤色野鶏）（*Gallus gallus*）がいる。ニワトリの原種とされるものだ。アヤムブキサールとはメスのニワトリを森の中においておき、野生のニワトリ（アヤム・フータン）と交尾させ、野生の血を入れていい声にするのだという。インドネシアにはこのブキサールのコンテストさえあるそうだ。優勝したアヤムブキサールは高く取引される。

東南アジアではチョウショウバト（長嘯鳩）（*Geopelia striata*）の飼育・鳴き合わせが盛んだ。家屋のまわりに長いポールを立て、ハトの入ったかごを滑車で上げ下げしている。タイ、マレーシア、インドネシアならどこでも、すぐにこの鳥かごが眼に入るはずだ。クックルークックルーと眠気を誘うように鳴いている。現在では多くは専門のブリーダーが養殖しているようだが、もともとは森の中からと捕ってきたものだ。タイには皇太子杯という国内大会があるし、毎年アセアン大会というのさえある。アセアン大会になると六〇〇本ものポールが立つ。優勝したハトには七〇〇万円もの値がつき、その雛でも三〇万円はするそうだ。こんなところにも人々と野生の動物との関りをみることができる。

このチョウショウバトのえさが、インドネシアではクロトと呼ばれるツムギアリ（サイホウアリ）

23-3●ブキサールの小屋（インドネシア，スラバヤ）

（*Oecophylla smaragdina*）である。ジャカルタやジョクジャカルタのパッサール・ブロンと呼ばれる野鳥市場には、大量のツムギアリの幼虫が売られている。タイではこのアリはムット・デーン（赤アリ）と呼ばれ、その幼虫、ときには成虫もが、スープ、サラダあるいはホーモック（魚のすり身料理）にも入れる食材の一つだが、インドネシアではどうも食べないらしい。

東南アジアを旅行すると、どこにもトリバネアゲハ、アトラスオオカブトムシ、フトタマムシなどの標本、小さなサソリやコガネムシを樹脂に埋め込んだキーホルダー、チョウの翅を埋めたコースターなどがたくさん売られている。それら昆虫の多くは森の中で採られたものである。

タイにはきれいなフトタマムシの鞘翅を銀細

工、木彫り、リーパオと呼ばれるカニクサで編んだ宝石箱にはめ込んだ工芸品がある。フトタマムシの翅の光沢が一段とはえる。この翅の色は退色しない。フトタマムシの触角・脚をはずし、金属の触角・脚をつけたブローチや翅一枚のイヤリングもある。

先に述べたインドネシアの林業統計の中に、インドネシアからの動物の輸出品として哺乳類、鳥類、両生類、爬虫類の生体および爬虫類の皮革があげられている。少し古い統計であるが、一九九〇年には生きた鳥類が約四八万個体、サルが九〇〇〇個体、爬虫類の皮革が九八万枚、両生類の生きたものが五万個体などとなっている。現在ではワシントン条約での規制、また野生のものに代わって養殖したものの割合が増えているのであろうが、まだ森林から大量の動物が捕獲されていることはまちがいない。

けものの肉・皮革・角、鳥類の肉・卵・はね（フェザー）、爬虫類の肉・皮革なども森林からの産物、恵みではある。しかし、鳥類・爬虫類、あるいは魚類がペットとして、昆虫類が標本として価値ある資源であるにしろ、その捕獲・飼育、そしてその取引には十分な配慮が必要であろう。

23-4●チョウショウバトの鳴き合わせ会場

23-5●売られる昆虫標本（タイ，チェンマイ）

24 樹脂（レジン）松脂とコパール

マツ類からの松脂（オレオレジン）

樹木を傷つけると一般にやに（脂）と呼ばれている樹脂（レジン）がでてくる。ゴム性の樹脂ラテックスの方はパラゴムで紹介したので、ここでは針葉樹から得られる透明な樹脂について述べる。マツ類の樹皮を剥ぎ、形成層を傷つけると透明の樹脂、いわゆる松脂（まつやに）がにじみ出てくる。この松脂はオレオレジンと呼ばれ、熱を加えて揮発性のテレピン（テルペン）と不揮発性のロジン（ガムロジン）に分ける。

日本でも神社などのマツの大木に矢筈形の松脂を採った痕が今でも残っている。出雲大社にもあった。若い方にはこれが何なのかわらないだろう。戦争中、松脂は松根油と呼ばれ、揮発性のテルペンをガソリン代わりに使い、戦闘機を飛ばそうとしたらしいのである。松根油といわれているが、実際は樹幹に傷をつけて採った樹脂だ。マツを切ったすぐあとで、その切り口に火を近づけると引火する。揮発性のテレピンが気化しているのである。東南アジアでは今でも各地のマツ林で、この松脂生産が行われている。その採取・タッピング法はさまざまだ。

タイ北部では自生の三葉のケシアマツ（ベンゲット・パイン）（*Pinus kesiya*）や二葉のメルクシマツ（*P. merkusii*）の樹幹下部に幅一〇センチ、長さ五センチ、深さ三センチもの深い溝を掘り、滲出する松脂を空き缶で受けている。チェンマイの西、ミャンマー国境に近いメーサリアンに精製工場があった。

インドネシアのジャワには活火山が多い。飛行機からみても富士山がつながっている。中部ジャワのジョクジャカルタにある仏教遺跡ボロブドゥールからみえるのがムラピ山（二九一四メートル）とムルバブ山（三一四二メートル）、東ジャワにはジャワ最高峰のマハメル山（三六七八メートル）がある。バンドン近郊のタンクバンプラフ山へは山頂までドライブウェイが通じ簡単に登ることができる。しかし、ある時は有毒ガスがでていると、火口へは近づけなかった。東ジャワ、プロボリンゴ近郊のヒンドゥーの聖山ブロモ山へは途中、砂の海というところを歩かないといけないが、ご来光を拝む人々でいつも混んでいる。

これら火山の中腹はメルクシマツ林、あるいはマニラコパールノキ林で覆われている。低地にはチー

24-1●マツの根元に松脂採取の傷痕（インドネシア，ジャワ）

クがあるが、チークは標高の高いところでは育たない。とくに、マツ林の方はどこかでかならず眼に入ってくる。メルクシマツは東南アジア大陸部とフィリピン、そして、マレー半島を飛び越えスマトラの山脈沿いに赤道を越えて南半球まで分布する唯一のマツである。キナバル山のあるボルネオにもない。ジャワの標高の高いところにあるマツ類も植えたものである。インドネシアではこのマツ類から得られる松脂をゴンドルカムといい、主としてジャワに造成されたメルクシマツ林から生産されている。

ちがう傷あと

ジャワ島旅行でマツ林が現れたときに、その幹に注目して欲しい。樹幹に縦に深い溝が掘ってあるはずだ。松脂を採っているのである。地際ぎりぎりの高さ一〇センチのところから幅一〇センチ、深さ三〜五センチの深い溝を掘り、一年に四〇センチずつ、三年で一・三メートルに達するまで、少しずつタッピングしながら昇っていく。ここでは松脂はココヤシの核を半分に切ったもので受けている。伐採されたマツの丸太をみると、数ヵ所が大きくへこんでいる。松脂を採った痕である。

もっと大規模でていねいな採り方は中国、海南島・雲南省だ。南亜松と呼ばれるメルクシマツを主に、一部ではケシアマツなどからも収穫している。ここでは斜溝法、すなわち戦時中わが国でも行われていた方法、長さ一〇〜二〇センチの緩やかな斜めの浅い溝が規則正しく、両側から中央へ、V字（矢筈）形に彫られているものだ。上下の長さが時には一メートルにも及ぶものがあったし、一本のマツで二ヵ所が同時につくられているものもあった。松脂はV字の先で陶製の容器で受けていた。

ジャワ西部シンダンワンギにある国営の精製工場を訪ねたことがあるが、運び込まれた松脂一トンからロジンが六四〇キログラム（六四パーセント）、テレピンが一五五リットル（一四パーセント）とれると聞いた。インドネシアの林業統計によると、ロジンが一万六〇〇〇〜三万二〇〇〇トン、テレピンが一四〇〜五三〇万リットルの年生産量になっている。

わが国はアメリカと中国から毎年テレピンが六〇〇〇トン、ロジンが約一二万トン輸入されている。インドネシアからも少量が入っているようだ。溶剤、医薬品、塗料などの原料、とくにで、製紙にサ

24-2●タッピングは深い溝（インドネシア，ジャワ）

イジング剤として混入している。印刷したとき、この松脂が入っていることで、インクがまわりに広がらず、きれいに印刷できるのである。

この松脂が私たちの身近なところにも使われている。野球でピッチャーがボールが滑らないように、ときどき手につけている白い粉が松脂(ロジン)だ。レジン・バッグと呼ばれているようで、滑り止めに使うのだが、そのままだとねばねばとくっつき暴投になってしまう。さらりとしたものにするため、炭酸マグネシウム(八〇パーセント)、ロジン(一五パーセント)、石油樹脂(五パーセント)の割合にしているという。このほかマッチ棒の先の頭薬、印肉(朱肉)、そしてバイオリンの弓にもこのロジンを塗るという。これでいい音色になるのである。

このロジンがジャワ・バティック(更紗)にも使われていると聞いて、ソロ(スラカルタ)、ジョクジャカルタ、チレボンと並ぶ四大産地の一つ、中部ジャワのプカロンガンのバティック工場を訪ねたことがある。実際には人工の蝋(パラフィン)を主に、松脂(ロジン)とウシの脂肪が加えられていた。作業場に松脂の大きな塊がおいてあった。

24-3●矢筈形は海南島での松脂採取法

ナンヨウスギからのコパール

なじみのないものだが、東南アジアにもう一つ、樹脂を採る針葉樹がある。東南アジアから南太平洋に分布するナンヨウスギ科ナギモドキ（*Agathis*）属の樹木である。ナギモドキの名の通りナギに似た葉が対生に着く。学術的にはナンヨウスギ科樹木からの樹脂をコパール、フタバガキ科樹木からの樹脂をダマールと区別しているが、インドネシアでは樹脂のことをダマールと呼ぶ。ニュージーランドのカウリ（*A. australe*）からのコパールが有名ではあるが、インドネシア、ジャワ島では主としてマニラコパールノキ（*A. dammara* = *A. alba*）から樹脂を収穫している。

このマニラコパールノキの大きな造林地はジャワ島の各地で見られる。とくに、ボゴールの南のスカブミや東ジャワ、ブロモ山周辺に大きな造林地があった。その面積はすでに三万ヘクタール以上になっている。ジャカルタの南、有名なボゴール植物園を囲む道路の両側の街路樹も、このマニラコパールノキである。

このマニラコパールノキの樹皮にはマツとちがった傷がついている。マニラコパールノキが直径三〇センチに達すると地上六〇センチの高さから幅一〇センチの傷を二・四メートルのところまでつけ、それを下端から少しずつコディコニという鉈のような刃物ではつっていく。一ヵ月で五センチ、一年

24-4●マニラコパールノキ林（ジャワ，プロボリンゴ）

で六〇センチまではつり、二・四メートルまで昇るのに三年かかるということになる。松脂採取のように深くは傷つけない。傷口に透明な樹脂がつららのように垂れさがる。これをブリキ製の塵取りのような容器で受け、先のコディコニで掻き落とす。

収量はマニラコパールノキ一本あたり一日二〜六・五グラムとされ、森林公社は契約者に最低三ヘクタールほどの森林を管理させ、三日に一度の採取を義務付けている。納入した量に対し現金が支払われるのである。森林の維持・管理に地域住民が参加している。そのことで収入を得、森林の保護を理解するのである。道路わきのマニラコパールノキ林に入ってみれば、そこにこの樹脂採取のタッピングがみつけられよう。

これもニス（ワニス）、エナメル、リノリウム、製紙のサイジングなどの加工・利用されている。インドネシアからの輸出量は年一二〇〇～二六〇〇トンで、これがわが国にも輸入されている。こんなところのメルクシマツやマニラコパールノキと私たちの暮らしにも接点があった。

実はこのマニラコパールノキは木材の方で知られている。南洋桂とかアガチス、カウリ、アルマシガ材などと呼ばれているものがそうだ。アガチスはインドネシア・ボルネオでの呼び名、カウリはニューギニア・オーストラリア、そしてアルマシガはフィリピンでの呼び名である。直径一・五メートル、樹高四五メートルもの大木になり、それも通直な樹幹をもち、材も柔らかいので、建具、引き出しの側板、ドアなど、結構いろんなところに使われている。商品名にカツラとあるが、カツラ（桂）とは関係ない。

24-5●コパールの採取（ジャワ，プロボリンゴ）

25 染色と食品着色 自然の色へのあこがれ

赤はラックと蘇黄（蘇芳）

繊維・衣服の染色には今でも多様な植物が使われている。とくに先進国では手紡ぎ・天然染色（草木染）・手織り製品に人気が高まっている。タイでもアセンヤクノキの心材からの濃褐色、スオウノキ（*Caesalpinia sappan*）の心材での赤、タイコクタン（*Diospyros mollis*）の果実からの黒、モモタマナ（*Terminalia catappa*）の葉からの黄緑、ミロバランノキ（*T. chebula*）の果実からの黒などが、草木染として広く利用されている。

ラオスでも現在少なくとも五七種の植物が染料・染色に使われている。かなり広い範囲で使われて

25-1●スオウノキ（インドネシア，ジャワ，ジョクジャカルタ）

いるものと、きわめて限定された地域や個人が使っているものもある。それも栽培されているものはキアイ、ナンバンコマツナギ、リュウキュウアイなどわずかのもので、ほとんどは森の中から得ている。染色に利用する部分は樹皮や葉が多いものの、果実・種子、心材、花、根なども使う。樹皮はタンニンを多く含み、濃淡のちがいはあるものの、基本的には茶系統の色合いになる。

鮮やかな赤はラック（ラックカイガラムシ）とスオウノキの心材から得られる。ラックカイガラムシはすでに紹介したが、ラオスでは染色に頻繁に使われている。ラックで染色したあとコブミカン、タマリンドなどで酸性度を加減し、多様な色彩の赤に染めることができる。これはわが国でもラック・ダイ液として、染色材料店で売られている。

スオウ（蘇黄・蘇芳）も蘇黄色・赤の染色で知ら

れる。もともとインド原産、あるいはインドからマレー半島の原産とされる樹高五メートル程度の常緑低木、枝に棘があるので垣根、また花がきれいなことから街路樹・庭園木として植栽されている。この心材を煎じると赤色色素を抽出できる。主成分はブラジリンとされ、蘇黄色の染料として珍重され、わが国でも古くから、とくにタイから大量に輸入されていた。沖縄の紅型には今でもこれが使われている。沖縄・奄美大島などにあるアオギリ科のサキシマスオウノキ（*Heritiera littoralis*）は樹皮と材から紅色の染料が得られるので、蘇黄を連想し、この和名がつけられたようだ。

青は藍（アイ）

青はアイだ。しかし、アイでの農作業衣の染色は、個人でも部落の共同作業でも行われている。この藍は日本のタデ科のアイ（タデアイ）（*Polygonum tinctorium*）でなく、マメ科のキアイ（インドアイ）（*Indigofera tinctoria*）やナンバンコマツナギ（*I. suffruticosa*）を主に、一部ではキツネノゴマ科のリュウキュウアイ（*Strobilanthes flaccidifolius*）が使われている。キアイの方がきれいな藍色に染まるらしいのだが、キアイは草丈が短く、収量も少ないため、ナンバンコマツナギを増量のため使うようだ。

藍染はまず沈殿藍をつくることから始まる。キアイやナンバンコマツナギの葉を水につけ発酵させ、

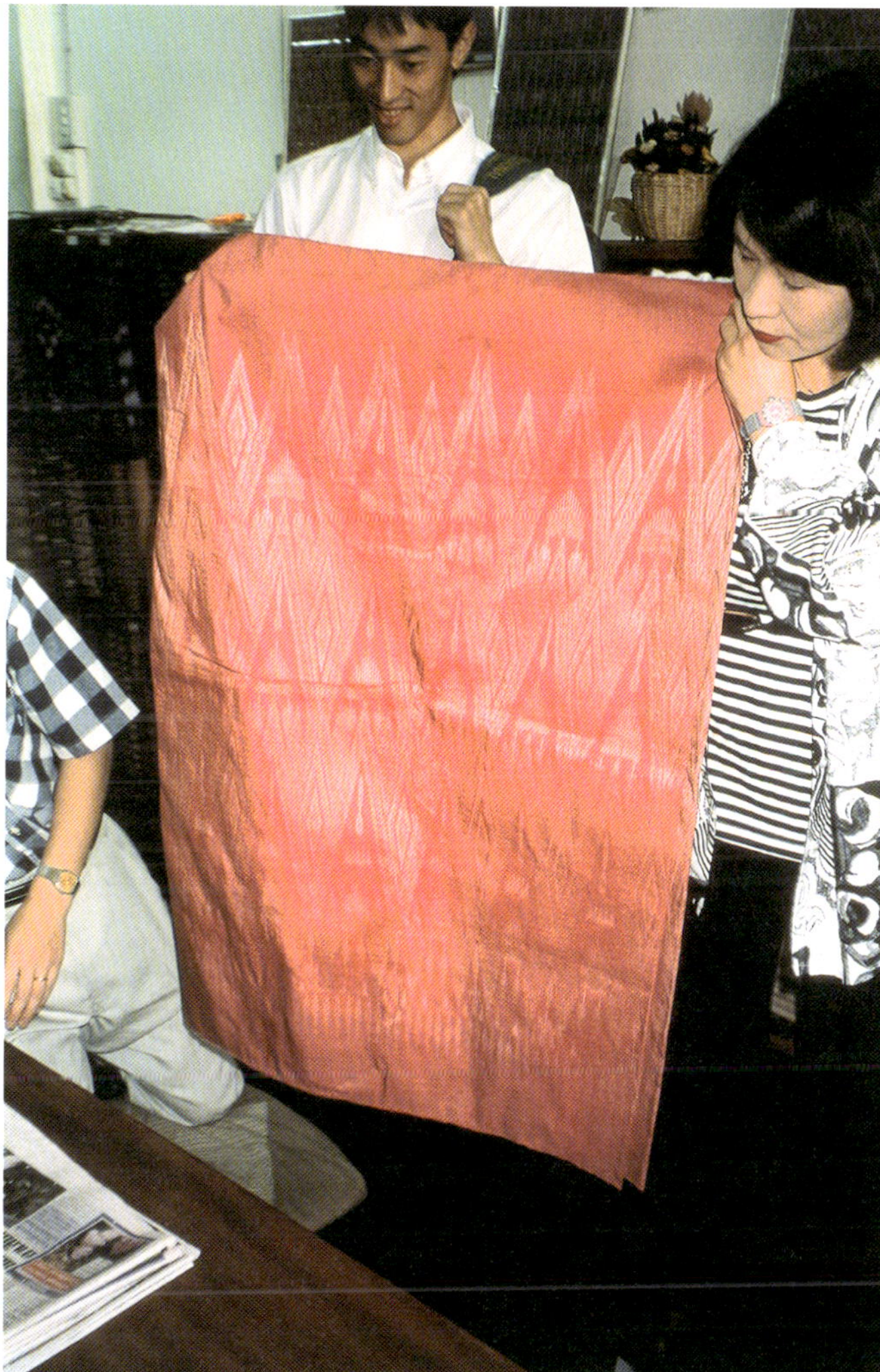

25-2●ラックで染めた絹（タイ，コンケン）

インジゴ色素を生成させる。これは水に不溶で沈殿する。これをアルカリ性溶液の中で発酵させ、水溶性の黄色い物質ロイコインジゴに変化させ、これを繊維に吸着させた後、引き上げ空気にさらすと酸化され、あの藍色に変化するのである。これを藍建てという。アルカリ溶液の灰汁に使う樹木、途中で酸性度を調節するために使うスターフルーツ（ゴレンシ）やタマリンドなどのすっぱい果実、さらにはタイコクタンでの仕上げなど、村ごとで、あるいは個人ごとでその流儀がちがう。藍染といっても、ちがった色合いのものができるということだ。

しかし、ラオスでももう染められた布を買う、衣類などは既製品を買うことの方が多くなっている。手紡ぎ、天然染色（草木染）、手織りは急速に消えている。それもその染め方が地域・個人でちがうだから、その伝統は簡単に失われてしまう。これを支えているのが、先進国での草木染めブームだ。NPOや草木染め専門店が、これら小さな染色工房を支援している。先進国でのニーズを視野に、デザインや品質の向上での指導をし、できあがった製品を買い上げる保証をしている。タイでも一村一品運動を押し進めているが、草木染めもその目玉の一つだ。

草木染めのカタログには、「手織り・手染めのため、摩擦で多少の色落ちが生じることがあります」と注意書きがあるが、この色むらが、またいいのであろう。

食品の着色

東南アジアで夜店をのぞくと、ほうろう（琺瑯）のバットの中で固まった羊羹・ういろう風のお菓子が売られている。夜店の裸電球やランプの光の中ではあるが、真っ赤、鮮やかな緑や青など、そのすざまじい原色に甘党の私でもちょっと尻ごむ。こんな着色で売れるのかと思うが、やはりこの色でないといけないようだ。この中に薄い緑色のういろうのようなものがある。もち米粉にタピオカでんぷんなどを加えたもので、切り口は色が変わり何段かなっている。これだけは人工着色料ではない。パンダナス（タコノキ）の仲間、ニオイタコノキの葉を砕き、色をだしたもので、香りもいい。食品の着色にも使うし、ごはんの香り付け、また冷やした水の香りつけにも使う。

食品に青いというのはなじみがないが、タイではアメリカ原産のチョウマメ（*Clitoria ternatea*）がごく普通の雑草になっていて、この花を搾ってごはんを青く着色するという。インドネシア、ジャワでも発酵させた青いごはんを食べたことがある。

赤色の食品着色料として知られたいるものに、アナトーと呼ばれるベニノキがある。ベニノキ科の中低木、もともと南アメリカ・西インド諸島の原産だが、東南アジアにもこの鮮やかな果実を楽しむため、庭園樹・街路樹として植えられている。英名はリップ・スティックツリー、すなわち口紅の木だ。名の通り口紅としても使われたらしい。アマゾンの原住民がからだに赤く線や模様を描いているのが、このベニノキだという。

特徴は何といっても鮮やかな紅色の果実で、長さ五センチくらいの卵形、果物のランブタンを小さくした感じで棘状の毛が覆っているが、これは触っても痛くない。果実は縦に二つに裂け、中は空洞である。二室に分かれた中央に三ミリほどの小さな種子が並んでいる。この種子を薄い果肉が囲んでいる。この果肉に触ってみると、指が鮮やかな赤に染まる。しかし、このきれいな果実は次第に黒ずみ、汚く変色した果実がいつまでも樹上に残っている。

ベニノキは日本でも食品の赤い色の着色料としてたくさん使われているのだが、それは原産の南アメリカからの輸入だと聞いている。このアナトーがフィリピンで生産されている。フィリピンではアチュエテといい、スーパーマーケットにも小さな袋入りで売られていた。三〇グラム入りが六ペソ（約一二円）だった。安いものだ。しかし、スーパーにあるということは、一般家庭でもこのベニノキを食品の着色に使っているということだ。食品の表示をみれば、ほとんどが赤色〇号といった人工着色料で染められていることがわかるが、「アナトー」もすぐにみつけられよう。それがベニノキで着色したものだ。

私がみたもののどこに着色したのか確認していないのが、ナンバンギセル（*Aeginetia indica*）である。ススキ、サトウキビ、ミョウガなどに寄生する植物で「思い草」の名をもち、新聞やテレビで、秋の

25-3●ベニノキ（ミャンマー，ベグ）
25-4●ナンバンギセル（タイ，ウッタラディット）

風物詩としてナンバンギセルの花が咲いたと報道される。ところが、そのナンバンギセルの生、さらには干したものが、タイ北部、ウッタラディットの市場に山ほど売られていた。日本のものと同種らしい。こんなもの見たのはここでの一回だけだ。タイではドック・ディンデンと呼び、ジャクアットの『タイの市場の植物』にも掲載されているので、ナンバンギセルにまちがいない。ナンバンギセルが売れるほどたくさん採れるということだ。

花を搾ると紫色の液がとれ、これをもち米粉からつくるカノム・ドックディンというお菓子の着色に使うようだ。夜店のあのバットの中から、紫色のカノム・ドックディンを探してみようと思っている。

ホテルに着いたときの冷えたウエルカム・ドリンクはうれしいものだ。コカコーラのこともあるが、マンゴーやスイカのジュースのこともある。インドネシアではマルキッサと呼ばれるパッションフルーツのジュースがでてくる。タイではこのウエルカム・ドリンクにカティップ・プリョーというローゼル（*Hibiscus sabdariffa*）の赤いドリンクがでてくることがある。ハイビスカスの仲間で、花が散ったあとのがく（萼）が赤く大きく膨れる。これは多汁で少し酸味がある。これを絞ると赤色のドリンクになるというわけだ。こんなものをだしてくれるとうれしくなるのだが、ローゼルの実物が眼の前においてないと、何を飲まされたのかわからず仕舞いだろう。

25-5●夜店で売られるお菓子（タイ，ターク）

26 毒と薬は紙一重　受け継ぎたい森の恵みと培われた文化

先住民の知識

熱帯林の中には多様な有用植物・薬用植物がある。中でも猛毒植物の発見とその利用の知識には驚嘆する。アマゾンのマチン（フジウツギ）科の樹木クラーレノキ（*Strychnos toxifera*）、アフリカ、タンザニアのキョウチクトウ科のストロファンツス（*Strophanthus*）属の樹木、東南アジアのインドネシアでウパス、マレーシアでイポーなどと呼ばれるクワ科のウパスノキ（*Antiaris toxicaria*）から得られた毒は弓矢や吹き矢の先につけられた。わずかの毒が塗られた矢先が刺さるだけで、大きなけものが倒れたのである。

26-1●ストリキニーネノキの果実
（タイ，チェンライ）

現在ではその毒成分は解明され、いずれもアルカロイドでクラーレノキの毒成分はクラリン、トキシフェリン、ストロファンチン、ウワバイン、ストロファンツスの毒はストロファンチン、ウワバイン、ウパスノキの毒はアンティアリン、ウパインなど、いくつかの毒成分で構成されていることがわかっている。

クラーレノキと同じ属でタイでクラチーと呼ばれるストリキニーネノキ（*S. nux-vomica*）はタイ北部・ミャンマー北部の森に普通にみられる。マチン（馬銭）とも呼ばれ、テニスボール大のオレンジ色に熟す大きな実をつける。猛毒ストリキニーネなどのアルカロイドを含み、これも魚毒・矢毒として利用した。果実を叩いて川に流し、浮き上がってくる魚やエビを捕ったのである。

同時に、その成分ストリキニーネには中枢神経を興奮させる効果があり、これを生薬として強壮・解熱などとして利用してきたという。この毒成分は種子だけにあり、果肉は食べられるともいう。ところが、このストリキニーネノキと同属のクロウゥサー（*S. nux-blanda*）は種子にも毒はなく、その果実が食べられるという。それを見分けられるのもえらい。

マメ科のデリスと総称されるハイトバ（*Derris elliptica*）、タチトバ（*D. malaccensis*）は東南アジアに広く分布するつる性の低木であるが、この根にも有毒成分ロテノーンが含まれ、魚毒・矢毒などに使われ、戦前にはこれが殺虫剤として輸入されていた。しかし、有機リン系殺虫剤など、強力な合成殺虫剤が開発され、その出番はなくなった。

つい最近、アメリカ国防総省に送りつけられて大きな問題になったリシンはアフリカ原産のヒマ（トウゴマ）（*Ricinus communis*）の種子に含まれる毒成分である。この種子油がいわゆるヒマシ油、年配の方にはなつかしい名であろう。下剤として呑まされたものだ。種子油はカスターオイルと呼ばれ、植物性潤滑油として現在も需要があり、東南アジア各地で栽培され、また野生化している。

天然物質の中で世界最強の毒といわれるのが、ベトナムでランゴン、タイでマケッと呼ばれるマチン（フジウツギ）科のゲルセミウム・エレガンス（*Gelsemium elegans*）である。中国南部・ベトナム・タイ北部の山岳地に限って分布するものだ。毒成分はゲルセミンとコウミンというものだが、青酸カリよりはるかに強烈で、致死量は体重一キログラムあたり〇・〇五ミリグラム、大人一人わずか三ミリグ

26-2●ゲルセミウム・エレガンス

ラムで死ぬとされる。

こんな聞いたこともない猛毒が東大寺正倉院に冶葛（やかつ）という名で保存されているという。正倉院に保存されている薬物帖には在庫量・持ち出し量が記録されていて、この猛毒薬物が納められた天平勝宝八年（七五六年）には一四キログラムもあったが、一〇〇年後の斉衡三年（八五六）には一・二キログラムとほとんどなくなっているという。こんな猛毒、一体何に使ったのだろう。猛毒であることを十分知っていたようで、冶葛壺という特殊な容器に入っているという。

猛毒は耐え難い痛み・苦しみから解放してくれる薬であったし、一方で、暗殺用にもきわめて効果のあるものだった。正倉院にあったゲルセミウム（冶葛）の持ち出しには、政変・権力闘争のにおいもするようだ。それでも、こんな昔にゲルセミウムが日本までやってきていたこと、そんな昔から毒、または薬であることがわかっていたことに驚く。

マラリアの特効薬キナノキの発見

もっとも有名な薬用植物が、アカネ科のキナノキであろう。マラリアは今でもまだ恐ろしい病気で、世界で毎年二〇〇万人が命を落としているという。このマラリアの特効薬とされたのが、キナノキか

26-3●キナノキ林（インドネシア，ジャワ・レンバン）
26-4●トニック・ウォーター

らの有効成分キニーネであった。このキナノキの発見はアマゾンへ入ったイエズス会宣教師だったとされている。キナノキは南米のボリビア・ペルー・エクアドルの原産である。しかし、植物も知らない宣教師がキナノキをみて「マラリアに効く」とわかるはずがない。先住民を改宗させ信頼を得た宣教師が熱病に倒れたとき、先住民がこの木の樹皮を煎じて飲めば治ることを教えたのであろう。先住民はこのことを知っていた、先住民の知識が先だと思う。もちろん、マラリア原虫がハマダラカによって媒介されること、さらには有効成分キニーネの化学構造が解明されるのはずっとあとになってのことである。

キナノキは軍事的にもきわめて貴重な物質であった。太平洋戦争中、たくさんの日本兵が、戦闘よりも飢えとマラリアのために死んだとされる。日本軍も台湾などでこのキナノキの研究をしていたようだ。オランダも植民地であったインドネシアのジャワに大々的にこのキナノキを植栽し、一時はキニーネはオランダの独占市場であったという。実は私も一九七二年、マレーシア、ネグリセンビラン州クアラピラに滞在中、高熱をだしマラリアと診断され、現地の病院に入院したことがある。このとき飲まされたのはキニーネでなく、クロロキンであった・

現在でもジャワ、バンドン近郊の起伏の少ない丘陵地に見渡す限りがボリビアキナノキ（*Cinchona ledgeriana*）かアカキナノキ（カリサヤキナノキ）（*C. calisaya*）の広大なプランテーショ

26-5●ジャワのジャムゥ売り（インドネシア，ジャワ・ボゴール）

Kertapati Prumnas
TOYOTA

ンがある。クロロキンなど次々と合成のマラリア治療薬が開発されるが、マラリア原虫も次々と耐性を獲得し、いたちごっこが繰りかえされている。キニーネもまだ有効な抗マラリア薬の一つなのである。

アルコールにきわめて弱い私が長い国際線の旅で注文するのが、トニック・ウォーターだ。この原材料をみるとキニーネ・ハイドロクロライド（塩酸塩）とある。バリ島で注文したインドネシア産のキニン・トニックとかバリ・トニックという銘柄のトニック・ウォーターにもキニーネと表示があった。現在、こんなところにキニーネが使われているのを知った。

インドネシアではかごにたくさんの瓶に入ったジャムゥと呼ばれる生薬を背負って、村の中まで売りに来る。症状を聞き、その場で調合してくれる。医師や薬剤師ではないが、生薬に対する知識と調合の長い経験をもっている。このジャムゥ対するインドネシアの人々の信頼は厚い。効果がなければ、信頼は得られないはずだ。

はじめに非木材林産物について述べたように、熱帯林には多様な薬用植物がある。しかし、それを含む森林が消失し、それを識別・利用する民族固有の言語と文化も失われている。人類の財産が消えているのである。

あとがき

本書は「アジア倶楽部」（アジア倶楽部発行）に二〇〇三年一月号から二〇〇四年一二月号まで二四回にわたたって「熱帯林の恵み」として連載したものである。これを補充し、さらに準備していた「樹脂」と「染色と食品着色」を加えたものである。

アジア倶楽部への連載をお奨めいただいた藤木高嶺さん、またアジア倶楽部連載中も種々の励ましをいただき、この出版へもお許しをいただいたアジア倶楽部の遠藤美子さんに厚くお礼申し上げる。

私の海外渡航・出張がついに九九回になった。そのうちインド、スリランカ、中国南部を含め熱帯アジアが約七〇回である。いろんなものをみてきた。それらを紹介できていればうれしい。

や行

ら行

わ行

ま行

た行

索　引

渡辺　弘之（わたなべ　ひろゆき）

1939年生まれ，1961年高知大学農学部卒業，1963年京都大学大学院農学研究科修士課程修了，1966年同博士課程修了，京都大学助手（農学部附属演習林），講師・助教授（農学研究科）を経て，1990年教授（熱帯林環境学分野担任），2002年退職．京都大学名誉教授．
この間，国際アグロフォレストリー研究センター（World Agroforestry Centre，ケニア，ナイロビ）理事（1999–2002），日本土壌動物学会会長（1996–2000），日本環境動物昆虫学会副会長（2000–2004），日本林学会評議員・関西支部長（1998–2000）など歴任．専門分野は熱帯林生態学・熱帯非木材林産物・アグロフォレストリー・土壌動物学・森林動物学．
日本土壌動物学会賞（1993）．

【主な著書】

南の動物誌（内田老鶴圃），熱帯多雨林の植物誌（平凡社），東南アジアの森林と暮し（人文書院），Taungya: Forest plantations with agriculture in southeast Asia（CAB International），熱帯農学（朝倉書店），アジア動物誌（めこん），アグロフォレストリーハンドブック（国際農林業協力協会），Handbook of agroforestry（AICAF），熱帯林の保全と非木材林産物（京都大学学術出版会），カイガラムシが熱帯林を救う（東海大学出版会），タイの食用昆虫記（文教出版），東南アジア樹木紀行（昭和堂），果物の王様ドリアンの植物誌（長崎出版），ミミズと土（平凡社），ミミズのダンスが大地を潤す（研成社），土壌動物の世界（東海大学出版会），ミミズ（東海大学出版会），樹木がはぐくんだ食文化（研成社）など．

学術選書

熱帯林の恵み

学術選書 021

2007年2月10日　初版第1刷発行

著　　者…………渡辺 弘之
発 行 人…………本山 美彦
発 行 所…………京都大学学術出版会
京都市左京区吉田河原町15-9
京大会館内（〒606-8305）
電話（075）761-6182
FAX（075）761-6190
振替 01000-8-64677
URL http://www.kyoto-up.or.jp

印刷・製本…………㈱太洋社
装　　幀…………鷺草デザイン事務所

ISBN 978-4-87698-821-1

学術選書［既刊一覧］

＊サブシリーズ　「心の宇宙」→ 心　「諸文明の起源」→ 諸
「宇宙と物質の神秘に迫る」→ 宇

001　土とは何だろうか？　久馬一剛
002　子どもの脳を育てる栄養学　中川八郎・葛西奈津子
003　前頭葉の謎を解く　船橋新太郎　心 1
004　古代マヤ　石器の都市文明　青山和夫　諸 11
005　コミュニティのグループ・ダイナミックス　杉万俊夫 編著
006　古代アンデス　権力の考古学　関　雄二　諸 12
007　見えないもので宇宙を観る　小山勝二ほか 編著　宇 1
008　地域研究から自分学へ　高谷好一
009　ヴァイキング時代　角谷英則　諸 9
010　GADV仮説　生命起源を問い直す　池原健二
011　ヒト　家をつくるサル　榎本知郎
012　古代エジプト　文明社会の形成　高宮いづみ　諸 2
013　心理臨床学のコア　山中康裕　心 3
014　古代中国　天命と青銅器　小南一郎　諸 5
015　恋愛の誕生　12世紀フランス文学散歩　水野　尚
016　古代ギリシア　地中海への展開　周藤芳幸　諸 7
017　素粒子の世界を拓く　湯川・朝永生誕百年企画委員会編集／佐藤文隆 監修
018　紙とパルプの科学　山内龍男
019　量子の世界　川合・佐々木・前野ほか編著　宇 2
020　乗っ取られた聖書　秦　剛平
021　熱帯林の恵み　渡辺弘之